花样美丽的针织衫

11 Ⓜ 12 Ⓛ 12 Ⓜ 13 Ⓜ 14 Ⓜ 15 Ⓜ

18页　　19页　　20页　　21页　　22页　　23页

轻便、百搭的开衫

16 Ⓜ 17 Ⓛ 17 Ⓜ 18 Ⓜ

24页　　25页　　26页　　27页

时尚的迷你小物

19　20　21　22

28页　　29页　　30页　　31页

※ 本书编织图中未注明单位的数字均以厘米（cm）
为单位

清爽时尚的外出服

春夏时节外出游玩时最适合穿各种
清爽、时尚的针织衫了。
给人以清凉之感的配色和素材，
更能彰显女性温柔娴静的魅力。

№1

这款舒适的长款束腰上衣，简约素朴
的花样和自然的颜色适合所有女士。
即使腰部系上腰带，时尚度依然不
减。

设计❖ 风工房
用线❖ Wister Sofcool
钩织方法❖ 46页

№2

这款无袖衫用有小小亮片闪烁其间的
毛线钩织而成。搭在肩上的荷叶边可
以将不够完美的肩部隐藏起来。

设计❖ 广濑光治
制作❖ 土桥满英
用线❖ Ⓜ = Wister Span Tiara (gradation)
Ⓛ = Wister Span Tiara
钩织方法❖ 49页

Ⓜ

L

№3

清爽的米白色开衫搭配漂亮的
浅蓝色连衣裙，是外出时的最佳
装扮。因为是七分袖，可从春夏
穿到初秋。

设计❖风工房
用线❖Wister 水洗棉
钩织方法❖52页

№ 4

纵向钩织花片时一气呵成不需断线,如有神助。小花填充了花片之间的空隙,整体看起来绚丽可爱,段染线可是功不可没哟。

设计❖ 广濑光治
制作❖ 藤泽节子
用线❖ Wister Irise
钩织方法❖ 54页

Ⓜ

№ 5

这款套头衫选用了米白色中夹
杂着金丝的时尚毛线钩织，配
上简约的设计，在任何场合都
可穿着。

设计❖ 风工房
用线❖ Wister Blane Eclair
钩织方法❖ 56页

№ 6

这是用清爽的段染亮片线钩织而成的开衫，在夏日的空调房间或初秋时节可以抵御习习凉风。个性的花样散发着都市的时尚气息。

设计❖ 河合真弓
制作❖ 根本绢子
用线❖ Wister Span Tiara（gradation）
钩织方法❖ 62页

舒适的基本款外搭

即使是日常便装也想穿得时尚漂亮。
清新的花样和个性的设计助您在购物、
学习等平淡的日常活动中收获好心情。

Ⓜ

№7

圆育克搭配小小的菠萝花样装饰
胸前，彰显从颈部到胸前的优美
线条。这是用轻柔顺滑的线钩织
而成的。

设计❖冈本真希子
制作❖铃木裕子
用线❖Wister Sofcool
钩织方法❖60页

L

№ 8

这款作品用的是混合了棉和化纤的结实的毛线,钩织成的背心不仅漂亮,而且洗涤方便,是春夏时节时尚与舒适兼具的外搭之一。即使用同样的方法钩织,毛线粗细不同,背心的成品尺寸也会不一样。

设计❖ 河合真弓
制作❖ 石川君枝
用线❖ **M**=Wister 水洗棉 (gradation) **L** =
Wister 水洗棉
钩织方法❖ 66页

№9

方形花样的花片连接在一起，活泼中不失优雅。因为是七分袖，所以可搭配不同下装，一直穿到初秋时节。

设计❖ 岸 睦子
制作❖ 志村真子
用线❖ Wister 水洗棉
钩织方法❖ 70页

M

№ 10

这款清新雅致的束腰长上衣，在
胸前改变花样的位置，分别向上、
向下钩织，下摆处的Z字形花样自
然、别致。

设计❖ 冈真里子
制作❖ 安河内奈美子
用线❖ Wister Fiora
钩织方法❖ 72页

花样美丽的
针织衫

这里介绍的针织衫尽显钩针编织对花样的极致追求，彰显了钩针花样的魅力。
大大的菠萝花样、
极具动感的扇形花样另有一种独特的韵味。

M

№11

这是一款整体钩织了大大的菠萝花样的雅致开衫。略短的袖口处钩织了网眼花样的饰边，更显飘逸甜美。

设计❖ 广濑光治
制作❖ 大西二叶
用线❖ M=Wister Linen Etoile
L= Wister 水洗棉（gradation）
钩织方法❖ 76页

L

这款流苏披肩采用斯拉夫风格
(毛线粗细不均)的春夏素材,钩
织出的花样清新亮丽。虽然是简
单的花样,但不断延长的线条为
之注入了明快、清新的活力。

设计❖冈本真希子
用线❖Wister Ardhia
钩织方法❖80页

M

№ 13

这是一款中线部分贯穿菠萝花样
的淡雅背心。其设计充分彰显了
色彩渐变的魅力，尽显清淡素雅
的女人味。

设计❖冈真里子
制作❖水野 顺
用线❖Wister Irise
钩织方法❖82页

№ 14

这款收腰长上衣的衣袖和下摆处
点缀的大大的扇形花样美丽夺
目。线里含有少量的金丝线，在
太阳照耀下有若隐若现的光泽，
很适合外出游玩时穿着。

设计❖ 河合真弓
制作❖ 松本良子
用线❖ Wister Linen Etoile
钩织方法❖ 86页

M

№ 15

这款马甲用含有小小亮片的甜美粉色线钩织而成,散发着温柔、优雅的女人味。下摆的波浪状饰边更是楚楚动人。

设计❖ 冈本真希子
制作❖ 小泽智子
用线❖ Wister Span Tiara
钩织方法❖90页

轻便、百搭的开衫

前开口的针织衫上身轻柔，穿脱方便。为了凸显花样的美观，
请注意钩织成品的轮廓。

№16

这是一款由中心向外扩展钩织而
成的华美无扣短开衫。衣袖和身
片外围钩织了素朴的网眼花样，
更能衬托中心的花样。

设计❖ 冈真里子
制作❖ 内海理惠
用线❖ Ⓜ=Wister Linen Etoile
Ⓛ= Wister 水洗棉（gradation）
钩织方法❖ 84页

№17

这是一款从后背中心分别向左右
两侧钩织菠萝花样的小外搭，轻
薄精致，不易起皱，是特别为旅行
设计的织物。

设计❖ 武田敦子
制作❖ 亚砂子
用线❖ Wister Span Tiara
钩织方法❖ 93页

№18

传统的开衫不管什么时候都不过时。前面下摆处自然的弧度，更衬托出春夏时节的朝气蓬勃。

设计❖ 武田敦子
制作❖ 饭塚静代
用线❖ Wister 水洗棉
钩织方法❖ 96页

M

时尚的迷你小物

春夏时节，帽子和围巾是抵御紫外线侵袭的利器。
它钩织简单，可以多准备几款，
可能会成为您提升时尚度的点睛之笔呢！

№ 19

帽顶是简单的贝壳花样，帽檐通过调整
针目的高度以改变前后深度。含有亮
片的帽边搭配蝴蝶结更显时尚。

设计❖ 茂木三纪子
用线❖ Wister 水洗棉（gradation）、
Wister Span Tiara
钩织方法❖ 100页

28

№ 20

这款有点怀旧风的帽子是用段染
线钩织的，不失优雅时尚，扇形花
样逐渐扩展，甚是美丽。

设计❖ 茂木三纪子
用线❖ Wister Irise
钩织方法❖ 101页

№ 21

这是一款有小亮片闪烁其间的菠萝花样围巾。因为是窄幅围巾，所以更容易彰显段染线的魅力。

设计❖ 岸 睦子
用线❖ Wister Span Tiara（gradation）
钩织方法❖ 102页

30

№22

长围巾边缘上装饰的树叶花样活
泼俏皮,不仅时尚美观,而且增加
了一定的宽度,可以帮我们抵御
空调房间的凉气和室外强烈的日
照,一定要钩织一条啊。

设计❖ 武田敦子
用线❖ Wister Linen Etoile
钩织方法❖ 103页

本书所用线材介绍

	线名	成分	色号	规格 线长	粗细	用针 号数	棒针下针编织标准密度 （钩织长针的标准密度）
1	Wister Sofcool	粘纤 40% 涤纶 30% 铜氨纤维 30%	6	30g/ 团 约 121m	中细	钩针 3/0 号	（25 针，12 行）
2	Wister Span Tiara	涤纶 77% 棉 23%	5	25g/ 团 约 140m	中细	钩针 2/0 ～ 4/0 号	（33 针，15 行）
3	Wister Span Tiara （gradation）	涤纶 77% 棉 23%	8	25g/ 团 约 135m	中细	钩针 2/0 ～ 4/0 号	（33 针，15 行）
4	Wister 水洗棉	棉 50% 涤纶 50%	9	40g/ 团 约 103m	极粗	棒针 5、6 号 钩针 5/0、6/0 号	22 针，28 行
5	Wister 水洗棉 （gradation）	棉 50% 腈纶 50%	9	40g/ 团 约 112m	极粗	棒针 2、3 号 钩针 4/0 ～ 6/0 号	22 针，32 行 （20 针，10 行）
6	Wister Irise	棉 50% 涤纶 38% 尼龙 12%	5	30g/ 团 约 85m	极粗	棒针 5 ～ 7 号 钩针 5/0、6/0 号	21 ～ 23 针，28 ～ 30 行 （19、20 针，9.5 ～ 10 行）
7	Wister Blane Eclair	腈纶 35% 棉 28% 涤纶 25% 尼龙 12%	3	30g/ 团 约 145m	中细	棒针 3、4 号 钩针 3/0、4/0 号	24、25 针，32、33 行 （28、29 针，14、15 行）
8	Wister Fiora	涤纶 56% 棉 44%	3	30g/ 团 约 95m	极粗	棒针 4、5 号 钩针 4/0、5/0 号	24、25 针，29、30 行 （24 针、12 行左右）
9	Wister Ardhia	粘纤 72% 棉 28%	3	30g/ 团 约 48m	极粗	棒针 5、6 号 钩针 5/0、6/0 号	19、20 针，28、29 行 （19、20 针，9、10 行）
10	Wister Linen Etoile	亚麻 63% 粘纤 35% 涤纶（金色丝线）2%	6	30g/ 团 约 122m	中细	钩针 2/0 ～ 4/0 号	（27、28 针，9、10 行）

钩针编织基础

起针

锁针起针

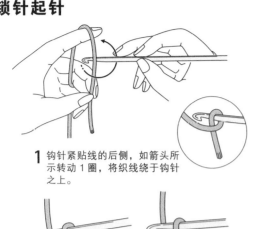

1 钩针紧贴线的后侧，如箭头所示转动1圈，将织线绕于钩针之上。

2 左手拇指与中指捏紧线的交点，如箭头所示，转动钩针挂线。

左手拇指与中指捏住

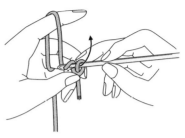

3 从线圈中穿过，将线拉出。

↓拉紧

4 拉紧线头。

5 完成最初的针目。此针目不含在起针数目之内。

6 如箭头所示，钩针挂线。

7 穿过线圈将线拉出。

1针锁针

8 之后，重复"钩针挂线，穿过线圈将线拉出"。

5针

9 完成5针之后的样子。

从起针处挑针

根据情况不同，或挑锁针起针的里山，或挑锁针起针的半针和里山。

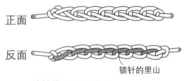

正面

反面

锁针的里山

锁针的正面和反面。

●挑起锁针的里山

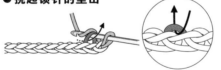

立织1针锁针，挑起锁针的里山钩织第1行。

●挑起锁针的半针和里山

立织1针锁针，挑起锁针的半针和里山钩织第1行。

环形锁针起针（整段挑织）　　●花片之类针目较少时

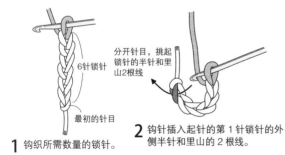

6针锁针

分开针目，挑起锁针的半针和里山2根线

最初的针目

1 钩织所需数量的锁针。

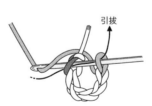

2 钩针插入起针的第1针锁针的外侧半针和里山的2根线。

引拔

3 钩针挂线，引拔。

引拔后的针目

4 锁针链呈环形。

5 立织1针锁针。

包裹着线头

立织的1针锁针

6 钩针插入锁针钩织的环中，将线拉出（包裹着线头）。

7 钩针挂线，从钩针上的2个线圈中引拔。

8 完成1针短针。

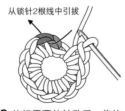

从锁针2根线中引拔

9 钩织需要的针数后，将钩针插入钩织起点处第1针短针的上面2根线中。

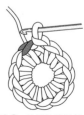

10 钩针挂线并拉出。

手指挂线环形起针

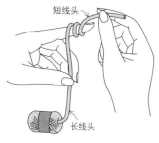

1 右手拉着短线头，在左手食指上缠绕 2 圈。

2 将线圈从左手食指上取下，用左手拇指与中指捏住。

3 将线挂于左手食指，钩针插入线圈内，挂线后拉出。

4 再次钩针挂线并拉出。

5 完成最初的针目。此针目不能计为第 1 针。

●短针的情况

6 钩针挂线并拉出。

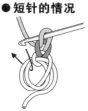

7 完成立织的 1 针锁针。钩针插入线圈内。

8 挂线后拉出。

9 再次钩针挂线，引拔。

10 完成 1 针短针。钩织指定数目的短针。

11 轻拉线头，找出活动的织线。

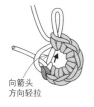

12 轻拉活动的织线，将环缩小。

13 轻拉线头将环收紧。

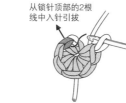

14 钩针插入编织起点第 1 针的短针顶部。

15 钩针挂线后引拔。

16 第 2 圈立织 1 针锁针。

●长针的情况   步骤 1～6 与短针的情况相同。

7 立织 1 针锁针。

8 钩织 2 针锁针，完成立织的 3 针锁针。钩针挂线后插入环内。

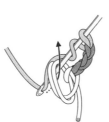

9 钩针挂线后从环内拉出。

10 钩针挂线，从靠近针头的 2 个线圈中拉出。钩针再次挂线，引拔。

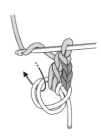

11 完成长针。下一针也同样在环上钩织长针。

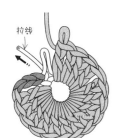

12 完成指定数目的长针后，稍稍轻拉线头。

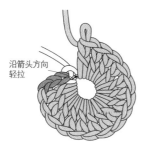

13 轻拉活动的织线缩小环，再轻拉线头收紧环。

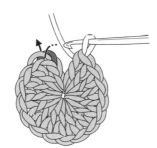

14 编织终点处将钩针插入编织起点第 3 针立织的锁针的半针和里山中。

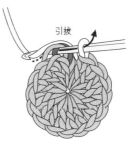

15 钩针挂线，引拔。

16 完成第 1 圈。

环形锁针起针（从 1 针中挑织）

● 衣物之类针数较多时

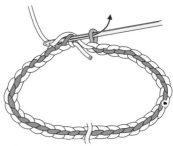

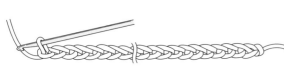

1 钩织所需数量的锁针。

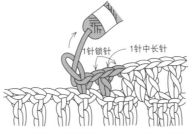

2 锁针的里山作为圆环的正面。钩针插入编织起点处第 1 针锁针的里山中。

3 钩针挂线并引拔。

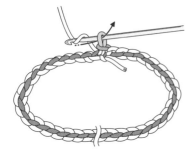

4 立织锁针。

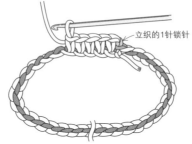

立织的1针锁针

5 挑起锁针的里山，钩织第 1 圈。

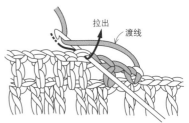

6 编织终点处，将钩针插入编织起点处第 1 针锁针的头部 2 根线中，挂线并引拔。

渡线钩织

渡线

钩织袖窿、领窝之处的减针时，不需断线，渡线后继续钩织。

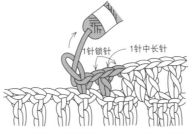

1针锁针   1针中长针

1 扩大第 1 行编织终点处的针目，将线团从中穿过后，收紧针目。

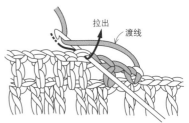

拉出   渡线

2 织片翻面，渡线至指定位置后继续钩织。

罗纹绳

线头预留所要钩织长度的3倍

1 线头预留所要钩织长度的 3 倍，并将其由前向后挂在钩针上。

引拔

2 钩针挂线，将线从钩针上挂的 2 根线中引拔出。

由前向后挂线

3 下一针也是将线头由前向后挂在钩针上。

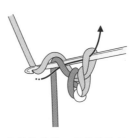

4 钩针挂线，将线从钩针上挂的 2 根线中引拔出。

引拔

5 重复步骤 3、4。

双重锁针

（引拔针）

引拔

放1针锁针

1 放 1 针锁针，将钩针插入锁针的里山中，挂线后同时从钩针上的 2 个线圈中引拔。

2 第 2 针也是将钩针插入锁针的里山中。

3 钩针挂线，同时将线从钩针上的 2 个线圈中引拔出。之后，重复步骤 2、3。

4 完成 7 针后的样子。

组合方法

接合方法 ●锁针的短针接合

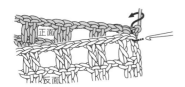
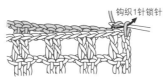
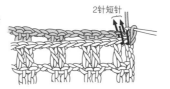
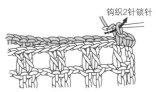

1 将2枚织片正面相对对齐，在2枚织片编织终点处的顶部2根线中入针，钩针挂线。

2 从2枚织片中拉出。钩织1针锁针。

3 将钩针插入2枚织片长针的顶部2根线中，钩织短针。

4 织片的锁针部分钩织2针锁针（根据织片的针目数量确定）。

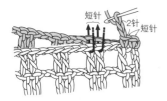

5 在下一长针的顶部2根线中，2枚织片一起钩织2针短针。

●锁针的引拔针接合

根据织片调整针目数量

与锁针的短针接合要领相同，但要变短针为引拔针。

●卷针缝

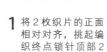
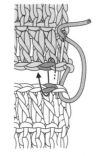
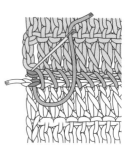

1 将2枚织片的正面相对对齐，挑起编织终点锁针顶部2根线拉出。

2 手缝针一直顺着同一方向（由后向前）入针，一针一针进行缝合。

3 缝合终点处在同一针目中穿过2次。平整缝线，完成接缝。

钉缝方法

●引拔针钉缝

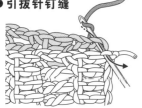
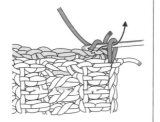

1 将2枚织片正面相对对齐，将钩针同时插入2枚织片的锁针起针中。钩针挂线，并从2枚织片中拉出。

2 钩织1针锁针。

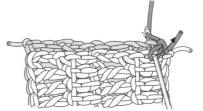
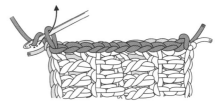

3 箭头处为钩针插入位置。

4 分开侧边的针目插入钩针，引拔收针。然后引拔接合2枚织片。

5 对齐织片的针目引拔，避免过松或过紧。

●锁针的引拔钉缝

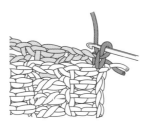
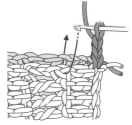

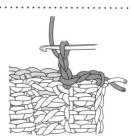

1 将2枚织片正面相对对齐，钩针同时插入2枚织片的锁针起针中。钩针挂线，并从2枚织片中拉出。

2 钩织1针锁针。

3 钩织几针锁针，长度至下一针的针目顶部即可，钩针插入侧边对应针目的顶部。

4 钩织引拔针收针。

5 重复步骤3、4。

花片的连接方法

用引拔针连接4枚花片

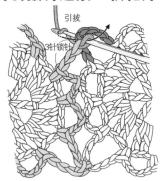 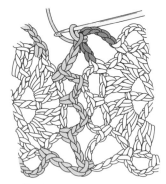 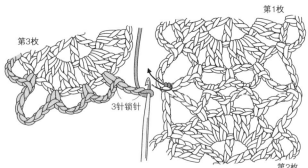

1 从第1枚织片的上面插入钩针,挂线后引拔。

2 引拔后的样子。

3 连接第3枚织片时,将钩针插入第2枚织片上引拔过的针目根部2根线中。

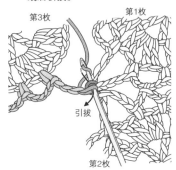  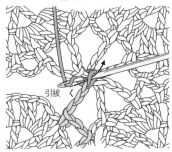 

4 钩针挂线,引拔。

5 引拔后的样子。

6 连接第4枚织片时,将钩针插入第2枚织片上引拔过的针目根部2根线中,钩针挂线,引拔。

7 4枚花片连接后的样子。

边缘编织的挑织 边缘编织的起针挑织和整段挑织的方法。

● 方眼针与长针混织时

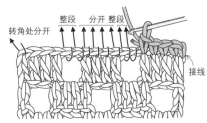 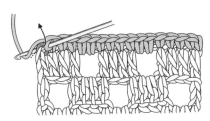 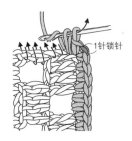

1 从起针处开始逐针挑织,锁针之间的空隙处整段挑织。

2 转角处挑起锁针的半针和里山,钩织1针短针、1针锁针和1针短针。

3 编织行针目密集处分开行挑织,空隙处整段挑织。

● 网眼针时

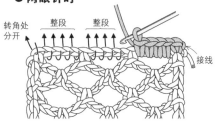 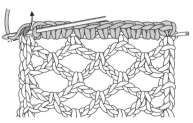 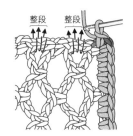 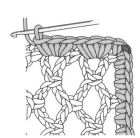

1 锁针的空隙处整段挑织。若存在无须减针处也从针目中挑织。

2 转角处挑起锁针的半针和里山,钩织1针短针、1针锁针和1针短针。

3 侧边行整段挑织。

4 侧边行整段挑织,完成短针后的样子。

针法符号与钩织方法

　　针法符号表示针目状态，是根据日本工业规格（Japanese Industrial Standards）而定，通常取单词首字母称作"JIS 符号"。 凡使用 JIS 符号表示的均为"从正面看到的编织图"。

锁针

○

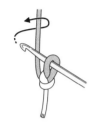   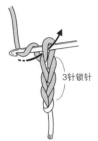

1 如箭头所示转动钩针，挂线。

2 从钩针上挂的针目中将线拉出（第 1 针）。

3 接着挂线，从钩针上挂的针目中将线拉出，完成 1 针锁针。

4 重复"钩针挂线，将线拉出"。

引拔针

●

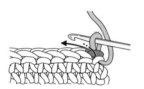  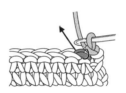 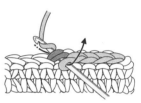

1 如箭头所示，钩针插入前一行的顶部 2 根线中。

2 钩针挂线，如箭头所示引拔。

3 第 2 针也将钩针插入前一行的上面 2 根线中，钩针挂线，引拔。

4 之后，用相同方法将钩针插入前一行的顶部 2 根线中引拔。

短针

宝库社符号

＋

JIS符号

（✕）

 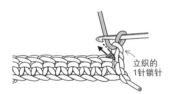 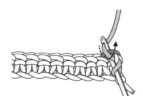  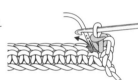

1 如箭头所示，钩针插入前一行右端短针的顶部 2 根线中。

2 钩针挂线，如箭头所示，将线拉出。

3 钩针挂线，从钩针上的 2 个线圈中引拔。

4 完成 1 针短针。之后重复步骤 1~3。

中长针

T

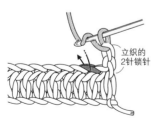  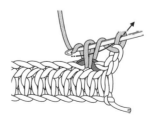 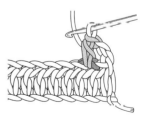

1 钩针挂线，如箭头所示，插入前一行顶部的 2 根线中。

2 钩针挂线，如箭头所示，将线拉出。

3 钩针挂线，从钩针上的 3 个线圈中引拔。

4 完成 1 针中长针。之后重复步骤 1~3。

长针

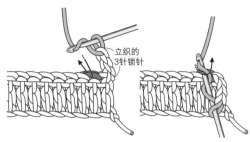 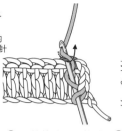 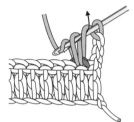 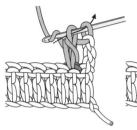 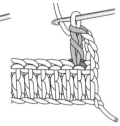

1 钩针挂线，如箭头所示，插入前一行的顶部2根线中。

2 钩针挂线，如箭头所示，将线拉出。

3 钩针挂线，从钩针上靠近针头处的2个线圈中拉出。

4 钩针挂线，同时从钩针上余下的2个线圈中拉出。

5 完成1针长针。之后重复步骤1~4。

长长针

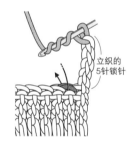 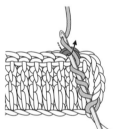 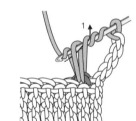 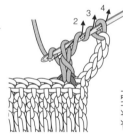 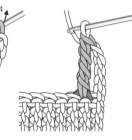

1 钩针上绕2圈线，如箭头所示，插入前一行的顶部2根线中。

2 钩针挂线，如箭头所示，将线拉出。

3 钩针挂线，从靠近针头处的2个线圈中将线拉出（重复2次），再依次从剩余的2个线圈中拉出。

4 完成1针长长针。之后重复步骤1~3。

3卷长针

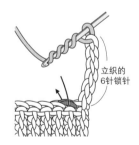  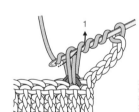 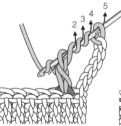 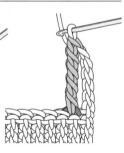

1 钩针上绕3圈线，如箭头所示，插入前一行的顶部2根线中。

2 钩针挂线，将线拉出。

3 钩针挂线，从靠近针头处的2个线圈中拉出。

4 钩针挂线，从拉出的针目和相邻的1个线圈中引拔出（重复2次），再次从拉出的针目和剩余的1个线圈中引拔出。

5 完成1针3卷长针。之后重复步骤1~4。

4卷长针

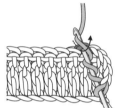 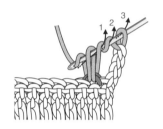 

1 钩针上绕4圈线，如箭头所示，插入前一行的顶部2根线中。

2 钩针挂线，将线拉出。

3 钩针挂线，从靠近针头处的2个线圈中拉出。

4 钩针挂线，从拉出的针目和相邻的1个线圈中引拔出（重复3次），再次从拉出的针目和剩余的1个线圈中引拔出。

5 完成1针4卷长针。之后重复步骤1~4。

1 针放 2 针短针

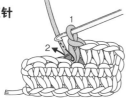

1 在前一行的顶部 2 根线上钩织第 1 针短针。钩针再次插入前一行的顶部 2 根线中。

2 钩针挂线，将线拉出。

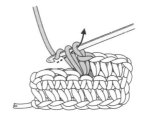

3 钩针挂线，从钩针上的 2 个线圈中引拔。

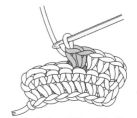

4 完成 1 针放 2 针短针。

---

1 针放 2 针短针
（中间织 1 针锁针）

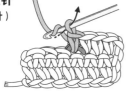

1 在前一行的顶部 2 根线上钩织第 1 针短针，再钩织 1 针锁针。

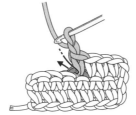

2 在同一针目的顶部 2 根线中再次插入钩针。

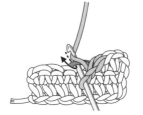

3 钩针挂线，将线拉出。

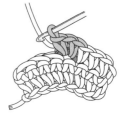

4 钩织 1 针短针，完成 1 针放 2 针短针（中间织 1 针锁针）。

---

1 针放 2 针长针

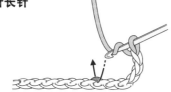

1 钩针挂线，插入锁针的里山中，钩织长针。

2 钩针挂线，插入同一针目中。

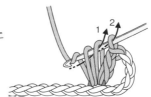

3 钩织第 2 针长针。

4 完成 1 针放 2 针长针。

---

1 针放 3 针长针
（从 1 针中挑织）

1 钩针插入锁针的里山中，钩织长针。再次钩针挂线。

2 下一针也插入同一针目中钩织长针。钩针挂线，再次插入同一针目中。

3 钩织第 3 针长针。

4 完成 1 针放 3 针长针（从 1 针中挑织）。

---

1 针放 3 针长针
（整段挑织）

1 钩针挂线，插入前一行锁针的空隙处（整段挑织）。

2 钩针挂线，将线拉出。

3 钩织长针。

4 钩针挂线，插入同一锁针的空隙处（整段挑织），再钩织 2 针长针。

5 完成 1 针放 3 针长针（整段挑织）。

1 针放 2 针长针
（整段挑织，中间织 1 针锁针）

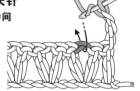 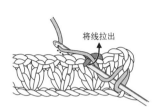 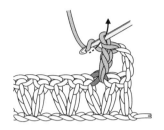 

将线拉出

1 钩针挂线，插入前一行锁针的空隙处。

2 钩织 1 针长针。

3 钩织 1 针锁针。

4 在同一针目上再钩织 1 针长针。完成 1 针放 2 针长针（整段挑织，中间织 1 针锁针）。

---

1 针放 4 针长针
（从 1 针中挑织，中间织 1 针锁针）
= 贝壳针

1针锁针

钩针插入同一里山

1 在锁针的里山上钩织长针。钩针挂线，在同一针目上再钩织 1 针长针。

2 钩织 1 针锁针，在同一针目上钩织 1 针长针。

3 在同一针目上再钩织 1 针长针。

4 完成 1 针放 4 针长针（从 1 针中挑织，中间织 1 针锁针）。

---

1 针放 4 针长针
（整段挑织，中间织 1 针锁针）= 贝壳针

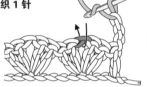 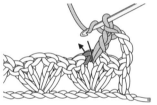  

1针锁针

1 钩针挂线，插入前一行的锁针空隙处，钩织 1 针长针。

2 在同一空隙处再钩织 1 针长针。

3 钩织 1 针锁针。

4 在同一空隙处再钩织 2 针长针。完成 1 针放 4 针长针（整段挑织，中间织 1 针锁针）。

---

1 针放 5 针长针
（从 1 针中挑织）

 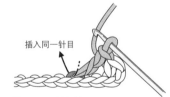 

在1针上钩织5针长针

插入同一针目

1 钩针挂线，插入锁针的里山中。

2 钩织 1 针长针。

3 在同一针目中再钩织 4 针长针。完成 1 针放 5 针长针（从 1 针中挑织）。

---

1 针放 5 针长针
（整段挑织）

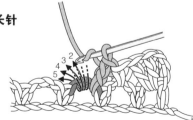  

整段入针

1 钩针挂线，插入前一行的锁针链中，钩织 1 针长针。

2 在同一锁针链上共钩织 5 针长针，完成。

3 钩织下一个短针，固定织片。

2 针短针并 1 针

1 钩针插入前一行的顶部 2 根线中，挂线后拉出（未完成的短针）。

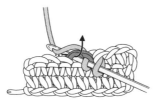

2 下一针也钩织未完成的短针。

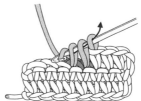

3 钩针挂线，同时从钩针上的 3 个线圈中引拔。

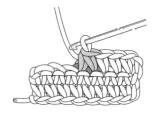

4 完成 2 针短针并 1 针。

---

2 针长针并 1 针

未完成的长针

1 钩针插入第 1 针锁针的里山中，钩织未完成的长针。钩针挂线。

将线拉出

2 第 2 针也钩织未完成的长针。

引拔
2 针未完成的长针

3 钩针挂线，同时从钩针上的 3 个线圈中引拔。

4 完成 2 针长针并 1 针。

---

3 针长针并 1 针

● 从 1 针挑织时

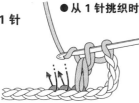

1 钩针分别插入 3 针锁针的里山中，钩织 3 针未完成的长针。

3 针未完成的长针

2 钩针挂线，同时从钩针上的 4 个线圈中引拔。

3 完成长针 3 针并 1 针。

● 整段挑织时

3 针未完成的长针

钩针插入前一行的锁针链中，钩织 3 针未完成的长针，挂线后一次性引拔。完成。

---

2 针长针的枣形针

1 钩针挂线，插入锁针的里山中。

2 钩织未完成的长针。

3 钩针挂线，在同一里山中入针，再钩织 1 针未完成的长针。

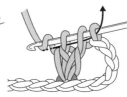

4 同时从钩针上的 3 个线圈中引拔。

5 完成 2 针长针的枣形针。

短针的菱形针

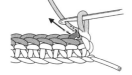

1 如箭头所示，钩针插入前一行短针顶部的后侧 1 根线中。

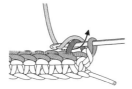

2 钩针挂线，如箭头所示将线拉出。

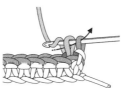

3 钩针挂线，从钩针上的 2 个线圈中引拔。

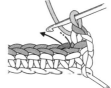

4 完成短针的菱形针。下一针也是将钩针插入前一行短针顶部后侧的 1 根线中钩织。

● 短针的条纹针
（环形钩织）

如箭头所示，钩针插入前一行短针顶部后侧的 1 根线中钩织。

变化的 3 针中长针的枣形针
（整段挑织）

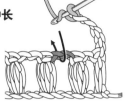 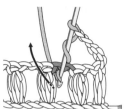   

第1针
第2针
第3针

1 钩针挂线，插入前一行的锁针链中。

2 钩针挂线，将线拉出。

3 之后的 2 针均在同一锁针链钩织未完成的中长针。钩针挂线，从钩针上的 6 个线圈中拉出。

4 钩针挂线，同时从钩针上的 2 个线圈中引拔。

5 完成变化的 3 针中长针的枣形针（整段挑织）。

---

5 针长针的爆米花针
（整段挑织）

   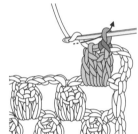

拉出针目

1 钩织 5 针长针。

2 抽出钩针，插入第 1 针长针的顶部 2 根线中，再插入之前抽出的针目中。

3 穿过第 1 针长针的上面，拉出抽出钩针的针目。

4 钩针挂线，引拔。

长针 1 针交叉
（中间织 1 针锁针）

  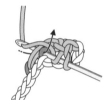  

1针锁针
1针
1 2

1 在锁针的里山上钩织 1 针长针、1 针锁针。

2 钩针挂线，插入前面第 2 针锁针的里山中。

3 钩针挂线，包裹住步骤 1 中钩织的针目，将线拉出。

4 钩针挂线，钩织长针。

5 完成长针 1 针交叉（中间织 1 针锁针）。

反短针

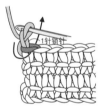 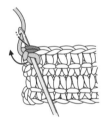  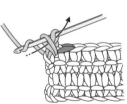 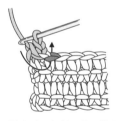

1针锁针

1 看着正面，往回钩织。立织 1 针锁针，如箭头所示，转动钩针插入前一行顶部的 2 根线中。

2 钩针挂线，如箭头所示将线拉出。

3 将线拉出后的样子。

4 钩针挂线，同时从钩针上的 2 个线圈中引拔。

5 完成反短针。第 2 针也是转动钩针插入前一行顶部的 2 根线中钩织。

---

3 针锁针的狗牙针

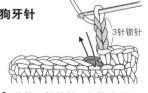 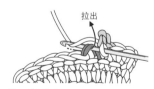 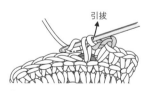 

3针锁针
拉出
引拔

1 钩织 3 针锁针，如箭头所示，将钩针插入下一针短针的顶部 2 根线中。

2 钩针挂线，将线拉出。

3 钩针挂线，从钩针上的 2 个线圈中引拔。

4 完成 3 锁针的狗牙针。

3 针锁针的狗牙拉针

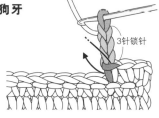  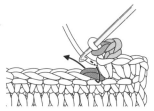 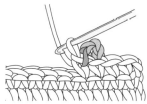

1 钩织 3 针锁针，如箭头所示，钩针插入短针顶部前面的 1 根线和根部的 1 根线中。

2 钩针挂线，同时从短针的根部、顶部和钩针上的针目中引拔。

3 完成 3 针锁针的狗牙拉针。钩织下一针目。

4 固定狗牙针。

3 针锁针的狗牙拉针
（网眼针时）

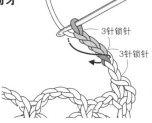 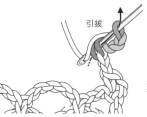 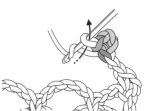 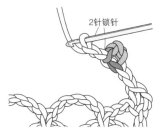

1 钩织相当于狗牙针长度的 3 针锁针，如箭头所示，钩针插入锁针的半针和里山中。

2 钩针挂线，同时从锁针的里山、半针和钩针上的针目中引拔。

3 完成 3 针锁针的狗牙拉针。

4 钩织锁针。

3 连的狗牙拉针

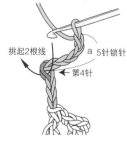 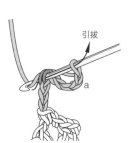 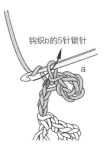  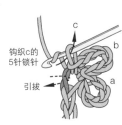

1 钩针插入从下数起的第 4 针锁针的半针和里山中。

2 钩针挂线，引拔。

3 钩织第 2 个线圈的 5 针锁针。

4 第 2 个线圈是将钩针插入与步骤 1 的相同位置处，引拔。

5 钩织第 3 个线圈的 5 针锁针，钩针插入与步骤 1 的相同位置处，引拔。

3 针锁针的狗牙拉针
（长针时）

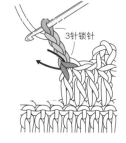 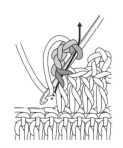 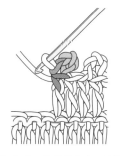 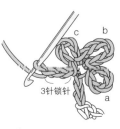

1 钩织 3 针锁针，如箭头所示，钩针插入长针的顶部前面 1 根线和根部的 1 根线中。

2 钩针挂线，同时从长针的根部、顶部和钩针上的针目中引拔。

3 完成 3 针锁针的狗牙拉针。

6 完成 3 连的狗牙拉针。

作品钩织方法

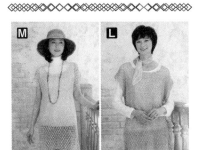

2、3页 №1

准备材料

线 Wister Sofcool **M**…浅驼色（1）310g/11团 **L**…粉色（2）350g/12团

钩针 3/0号

成品尺寸 **M**…胸围98cm，衣长72.5cm，连肩袖长29.5cm **L**…胸围106cm，衣长75.5cm，连肩袖长31.5cm

密度 边长10cm的正方形内：编织花样36针，12行

编织要点

后身片 下摆处锁针起针，挑起锁针的半针和里山开始钩织。参照图1、图2钩织胁和领窝。左袖开口止位在左胁的编织终点处接线，钩织16针锁针，断线。从锁针上挑起半针和里山钩织。

前身片 与后身片钩织要领相同，衣袖开口止位在右胁编织终点处接线。领窝参照图3钩织。

组合 肩部正面相对对齐做锁针的引拔接合。下摆处前后连续钩织，变化钩织方向，环形编织2行短针。衣领和袖口从锁针和长针的编织行处整段挑织，与钩织下摆要领相同，钩织2行短针。

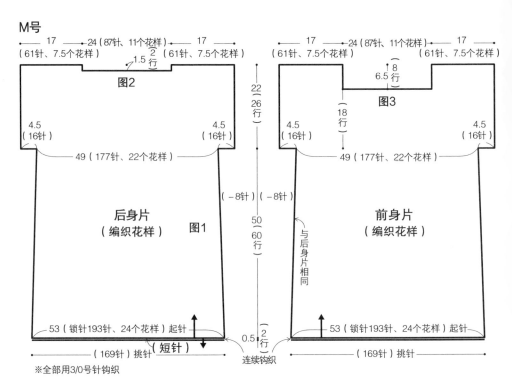

M号

图2

图1 后身片（编织花样）

前身片（编织花样）

※全部用3/0号针钩织

编织花样

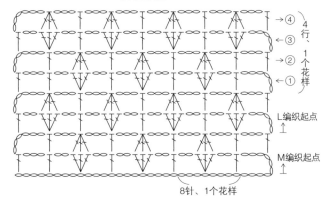

4行、1个花样

L编织起点

M编织起点

8针、1个花样

图3 前领窝

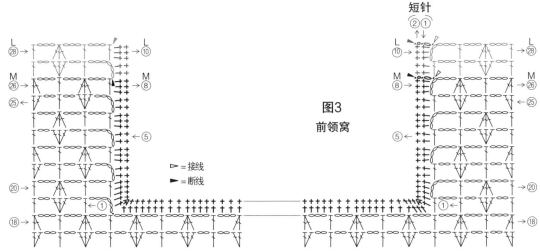

短针

▷ = 接线
▶ = 断线

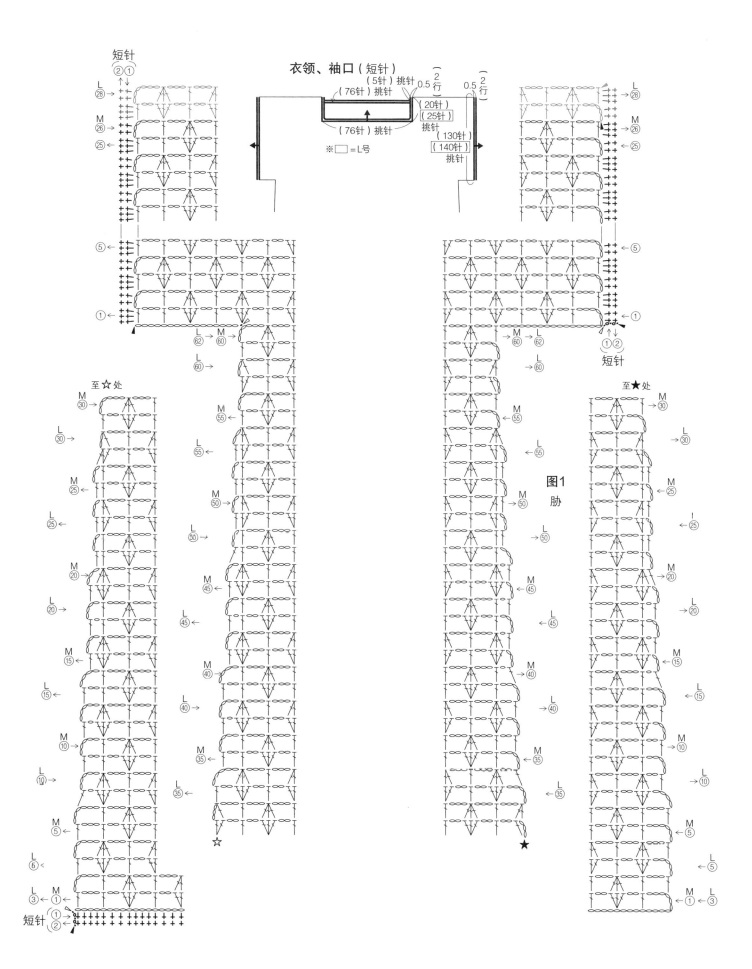

衣领、袖口（短针）

※□ = L号

图1
胁

短针

短针
②①

M
㉖ →   →②   图2 后领窝   ②   ← M
                                             ←①   ①   ㉖
㉕ ←   ← ㉕

※L号领窝和肩部均多钩织2行

L号

|←19→|←24（87针、11个花样）→|←19→| |←19→|←24（87针、11个花样）→|←19→|
（69针、8.5个花样）   （69针、8.5个花样）   （69针、8.5个花样）   （69针、8.5个花样）

1.5{2行}   8.5{(10行)}

图2   图3

23.5{(28行)}

4.5   4.5   4.5   4.5
（16针）   （16针）   （16针）   （16针）

├── 53（193针、24个花样）──┤   ├── 53（193针、24个花样）──┤

（-8针）（-8针）

后身片   图1   前身片
（编织花样）   （编织花样）

51.5{(62行)}   与后身片相同

├── 58（锁针209针、26个花样）起针 ──┤   ├── 58（锁针209针、26个花样）起针 ──┤

0.5{2行}

├──────（183针）挑针──────┤   （短针）   ├──────（183针）挑针──────┤
                        连续钩织

※全部用3/0号针钩织

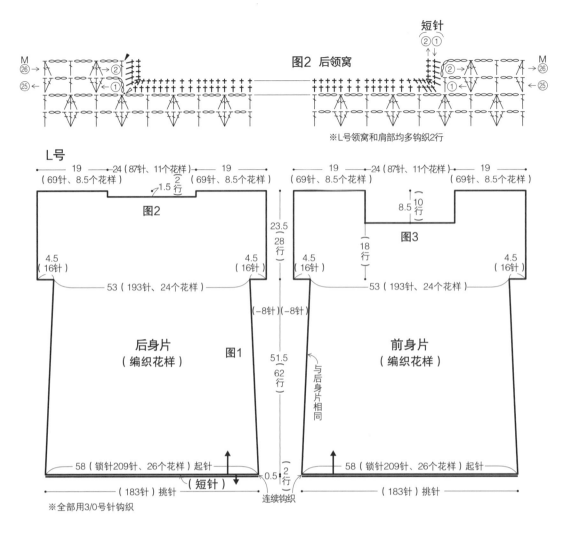

L号   ※全部用6/0号针钩织   ※对齐标记处钩织连接

|←11.5→|←── 29（5列）──→|←11.5→|←11.5→|←── 29（5列）──→|←11.5→|
（2列）   （2列）（2列）   （2列）

后身片   前身片
（编织花样）   （编织花样）

27{(4.5个花样)}

27{(4.5个花样)}

1{(1行)}

（边缘编织a）

├────── 52（9列）──────┤   ├────── 52（9列）──────┤

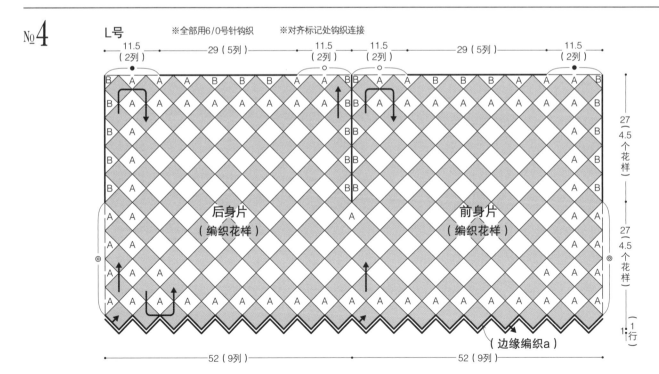

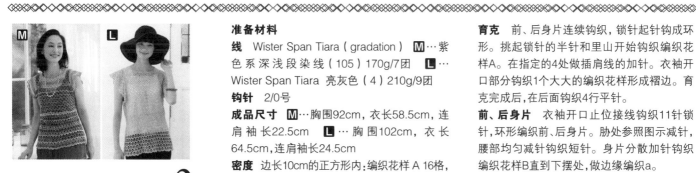

准备材料

线 Wister Span Tiara（gradation） **M**…紫色系深浅段染线（105）170g/7团 **L**…Wister Span Tiara 亮灰色（4）210g/9团

钩针 2/0号

成品尺寸 **M**…胸围92cm，衣长58.5cm，连肩袖长22.5cm **L**…胸围102cm，衣长64.5cm，连肩袖长24.5cm

密度 边长10cm的正方形内：编织花样 A 16格，16行；编织花样B 5个花样，18行（起点处）

编织要点

编织花样A、B均环形编织，但改变钩织方向。

育克 前、后身片连续钩织，锁针起针钩成环形。挑起锁针的半针和里山开始钩织编织花样A。在指定的4处做插肩线的加针。衣袖开口部分钩织1个大大的编织花样形成褶边。育克完成后，在后面钩织4行平针。

前、后身片 衣袖开口止位接线钩织11针锁针，环形编织前、后身片。胁处参照图示减针，腰部均匀减针钩织短针。身片分散加针钩织编织花样B直到下摆处，做边缘编织a。

组合 衣领处挑针钩织边缘编织b，袖口处挑针钩织边缘编织c。

4、5页 №2

编织花样A

→④ 4行
←③
←② 1个花样
←①

5

12针（4格）、1个花样

衣领（边缘编织b）

(50针) 挑针
(22针) 挑针
(22针) 挑针
(50针) 挑针
(268针) 挑针
(295针) 挑针

3行 0.8行 0.5行 1行

袖口（边缘编织c）

(11针) 挑针

※□=L号

边缘编织b（衣领）

③ ①

前身片 后身片

左袖 1个花样

编织花样B与分散加针

→边缘编织a

M(47) L(51)
M(47) L(51)
M(30) L(34)

8行、重复3次、1个花样

M(30)
M(25)

M(20) L(24)
M(20)
M(19)

L(20)
M(15)

8行、L重复2次、1个花样

M(10)

M(5) L(1) L编织起点

M(1)
←② 短针
←①

8针、1个花样

▷=接线
►=断线

→②
←①
→㉒ L
→②
→⑳M
←⑮
→⑩
←⑤

L号

108(46个花样)
(边缘编织a)
0.5(1行)

(编织花样B)
分散加针
28.5(51行)

(-100针)(短针)
92(46个花样)挑针
0.5(2行)

(368针)挑针
49(234针、78格)
(-2格)
14(22行)

后身片
(编织花样A)
51(82格)
(-4格)
2.5

49(78格)

育克
(编织花样A)
16(+26格)26行

褶边
(编织花样A')
(2格)

褶边
(编织花样A')
(2格)

16(79格、26格)
7.5(35针、12格)
锁针228针、76格
起针
7.5(35针、12格)
64格
5(8行)
11行 18行

右袖口

16(79格、26格)

左袖口

16(+26格)26行

1-1-26行格次

(2格)

49(78格)
51(82格)

前身片
(编织花样A)
49(234针、78格)
(-2格)
14(22行)

※腋下部分的○和●处前、后对齐锁针起针(11针)

锁针(11针)起针
④→
②→
①→

M L
⑯⑱
至☆处
右袖口

①
L M
⑱⑯

☆↑
L⑧
M⑥
⑤

边缘编织c(袖口)

①
①

左袖口

1个花样

右袖
(35针)

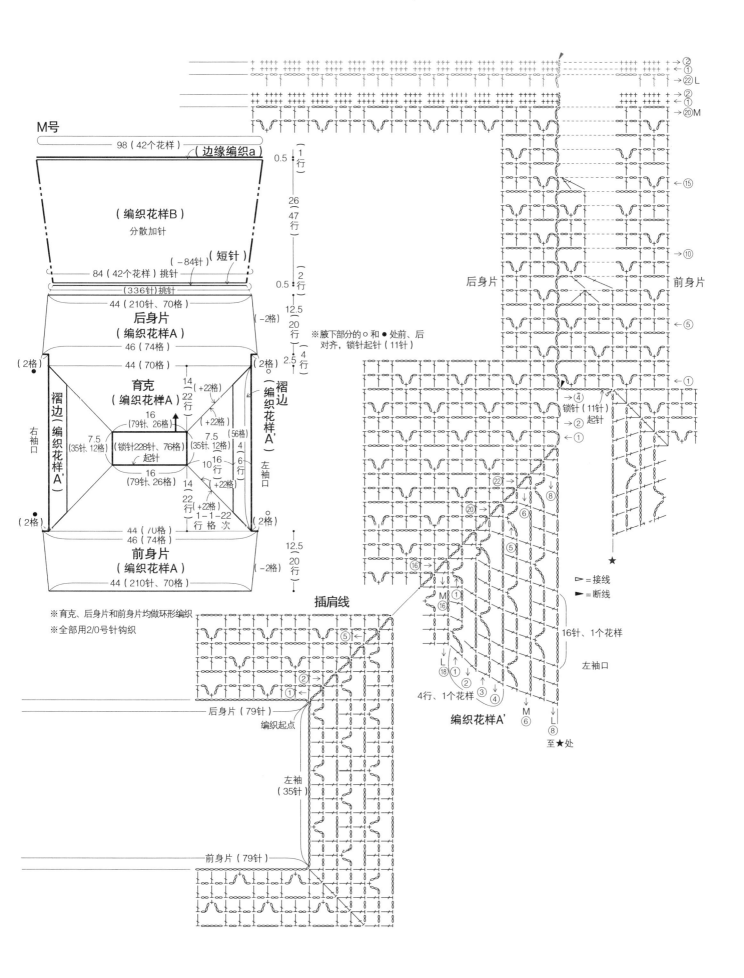

M号

98（42个花样）（边缘编织a）

（编织花样B）
分散加针

（-84针）（短针）

84（42个花样）挑针

（336针）挑针

44（210针、70格）

后身片
（编织花样A）

46（74格）

44（70格）

（2格）

育克
（编织花样A）

（锁针228针、76格）
起针

16
（79针、26格）

16
（79针、26格）

褶边（编织花样A'）

褶边（编织花样A'）

右袖口

左袖口

7.5（35针、12格）

7.5（35针、12格）

（56格）

10行

16（+22格）

6行

14（+22格）

22行

1-1-22
行格次

44（70格）

46（74格）

前身片
（编织花样A）

44（210针、70格）

（2格）

（2格）

（2格）

14（+22格）
22行

16（+22格）

0.5（1行）

26（47行）

0.5（2行）

12.5（20行）

（-2格）

2.5（4行）

12.5（20行）

（-2格）

※育克、后身片和前身片均做环形编织
※全部用2/0号针钩织

※腋下部分的○和●处前、后
对齐，锁针起针（11针）

后身片

前身片

锁针（11针）
起针

16针、1个花样

左袖口

▷=接线
▶=断线

插肩线

后身片（79针）

编织起点

左袖
（35针）

前身片（79针）

编织花样A'

4行、1个花样

至★处

51

准备材料

线 Wister 水洗棉 米白色（1）**M**…350g/9团 **L**…390g/10团

钩针 5/0号

成品尺寸 **M**…胸围95cm，衣长50cm，连肩袖长59cm **L**…胸围101cm，衣长53cm，连肩袖长64cm

密度 边长10cm的正方形内：编织花样 6.5个花样，12行

编织要点

后身片 下摆处钩织锁针起针，挑起锁针的半针和里山开始钩织。按照编织花样钩织，在衣袖开口止位做标记。领窝参照图1钩织。

前身片 钩织要领与后身片相同，在前身片中心处左右对称钩织。领窝参照右图2和左图2'钩织。

衣袖 前、后身片的肩部正面相对对齐做锁针的引拔针接合。从前、后身片连接衣袖处参照图3挑针钩织，袖下参照图4钩织。

组合 胁、袖下做锁针的引拔针接合。下摆、前门襟和衣领钩织1圈短针。袖口也要环形编织锁针。

6、7页 № **3**

M号

图1

后身片（编织花样）

右图2 左图2'
右前身片（编织花样）

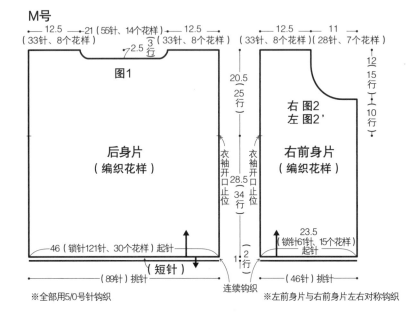

※全部用5/0号针钩织

※左前身片与右前身片左右对称钩织

前门襟、衣领（短针）

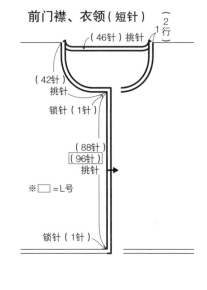

※□=L号

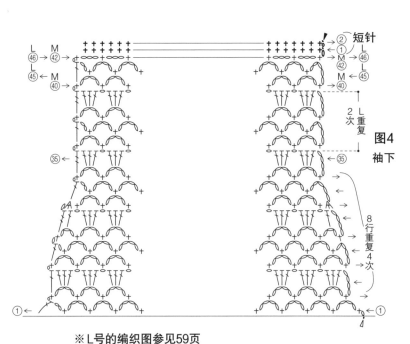

※L号的编织图参见59页

图4 袖下

袖 图4（编织花样）

图3

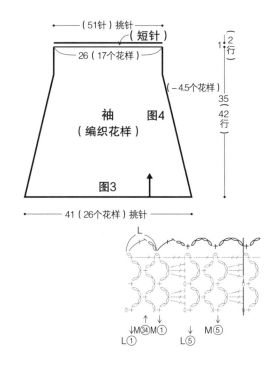

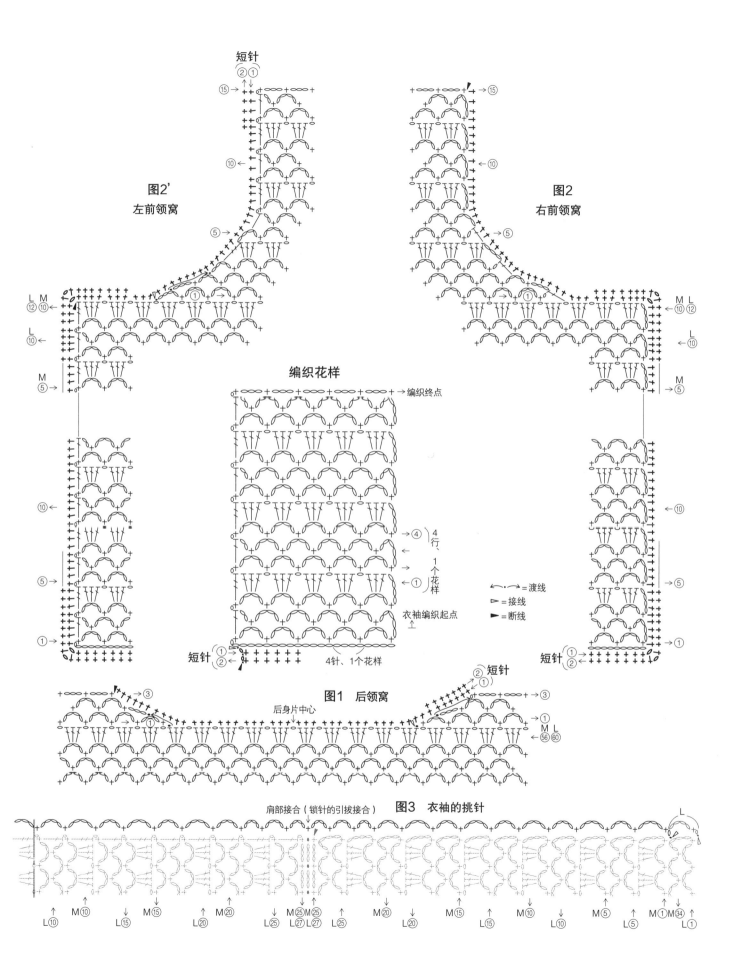

短针
图2'
左前领窝

编织花样

→编织终点

→④ 4行、
←③ 1个花样
←①

衣袖编织起点

短针
4针、1个花样

图2
右前领窝

←→ = 渡线
▷ = 接线
▶ = 断线

短针

图1 后领窝
后身片中心

肩部接合（锁针的引拔接合） 图3 衣袖的挑针

53

准备材料

线 Wister Irise 绿色、浅紫色系的段染线(62)

Ⅿ…240g/8团 Ⅼ…300g/10团

钩针 6/0号

成品尺寸 Ⅿ……胸围92cm，衣长49cm，连肩袖长24cm Ⅼ……胸围104cm，衣长55cm ，连肩袖长27cm

密度 横向2列11.5cm，纵向1个花样6cm

编织要点

前、后身片 从左后身片下摆的方形花样开始

钩织。钩织11针锁针，挑起锁针的半针和里山，钩织5行，接着钩织下一个方形花样。参照图示，第2列返回到下摆侧。不断线，M号钩织8列，L号钩织9列，注意不要与衣袖开口处相连。L号钩织9行后，从右前身片下摆处开始钩织，胁与后身片相连。方形花样的空隙内钩织填充花片A。衣袖开口、衣领开口通过花片B连成直边。下摆处钩织边缘编织a，衣领、袖口钩织边缘编织b。

8 页 № **4**

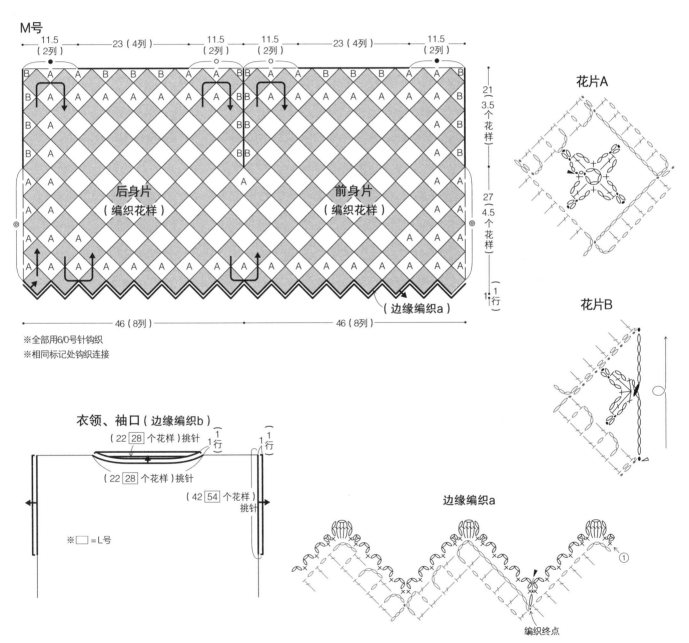

※L 号的编织图参见 48 页

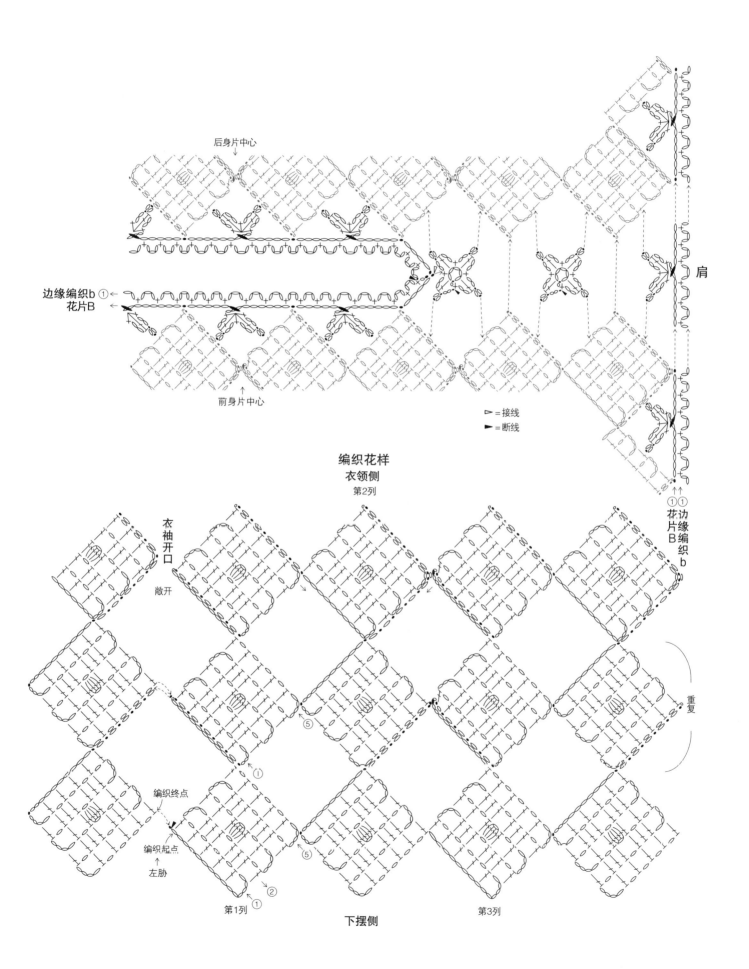

后身片中心

边缘编织b①
花片B

前身片中心

▷ = 接线
► = 断线

肩

编织花样
衣领侧
第2列

衣袖开口
敞开

①
花片B
边缘编织
b

重复

编织终点

编织起点

左胁

第1列 ①

②

第3列

下摆侧

准备材料

线 Wister Blane Eclair 米白色（13） **M**…180g/6团 **L**…210g/7团

钩针 3/0号

成品尺寸 **M**…胸围92cm，肩宽38cm，衣长53cm，连肩袖长19cm **L**…胸围102cm，肩宽43cm，衣长56cm，连肩袖长19cm

密度 边长10cm的正方形内：编织花样 3.5个花样，14行

编织要点

后身片 下摆处钩织锁针起针，挑起锁针的半针和里山按照编织花样钩织。袖窿、领窝参照图1钩织。

前身片 编织要点与后身片相同。领窝参照图2钩织。

衣袖 钩织要领与后身片相同。袖下参照图3钩织。

组合 肩部、衣袖连接处分别正面相对对齐做锁针的引拔接合，胁、袖下做锁针的引拔接合。下摆、衣领和袖口钩织2行边缘编织，下摆、袖口整段挑织锁针，领窝的锁针和中长针、长针的编织行也整段挑织，环形编织锁针。

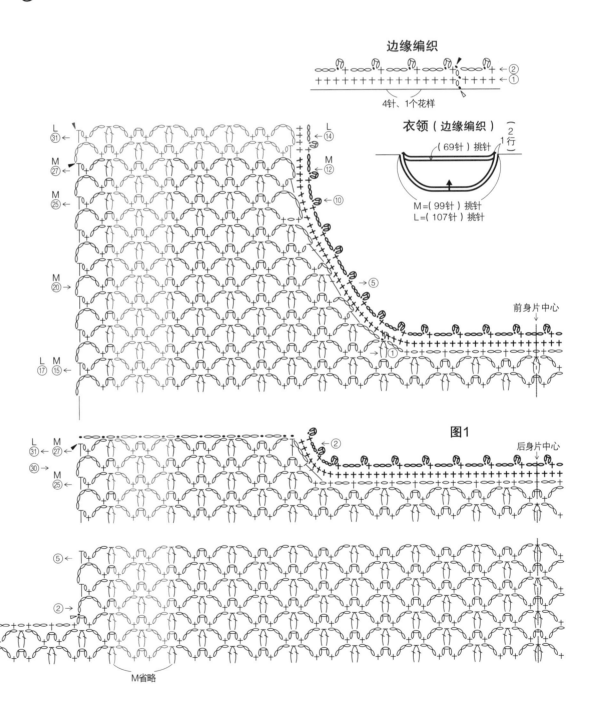

边缘编织

4针、1个花样

衣领（边缘编织） （2行）

（69针）挑针 1行

M=（99针）挑针
L=（107针）挑针

前身片中心

图1

后身片中心

M省略

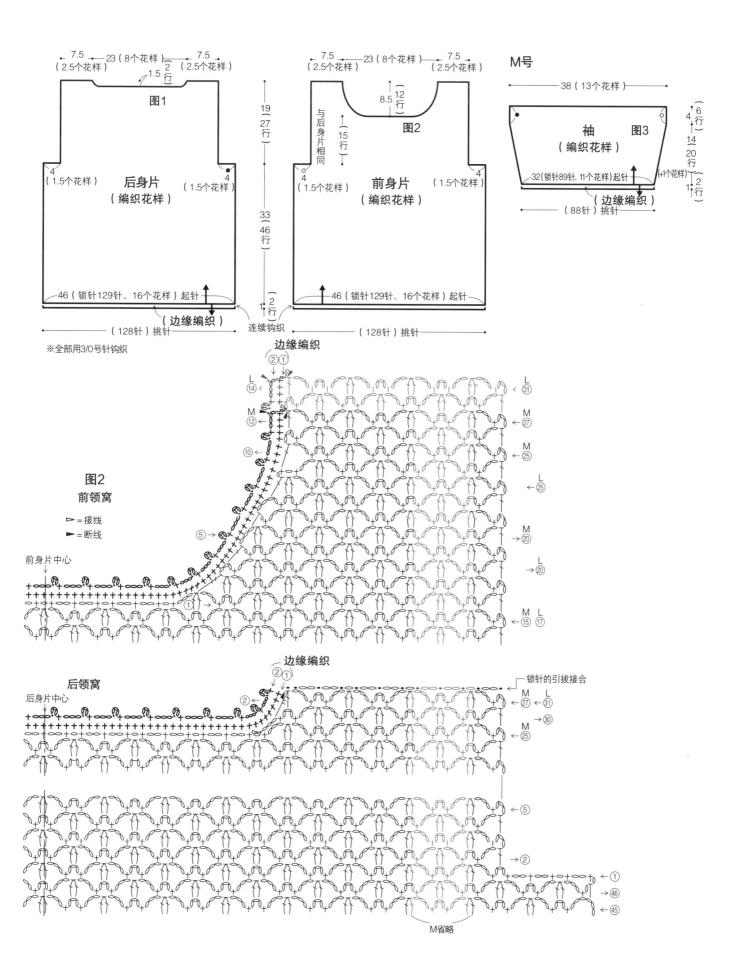

※全部用3/0号针钩织

L号

图1

10（3.5个花样）　23（8个花样）　10（3.5个花样）

1.5（2行）

后身片（编织花样）

4（1.5个花样）　　4（1.5个花样）

51（锁针145针、18个花样）起针

（边缘编织）

（144针）挑针

22（31行）

33（46行）

1（2行）

连续钩织

图2

10（3.5个花样）　23（8个花样）　10（3.5个花样）

10（14行）

与后身片相同

17行

前身片（编织花样）

4（1.5个花样）　　4（1.5个花样）

51（锁针145针、18个花样）起针

（144针）挑针

※全部用3/0号针钩织

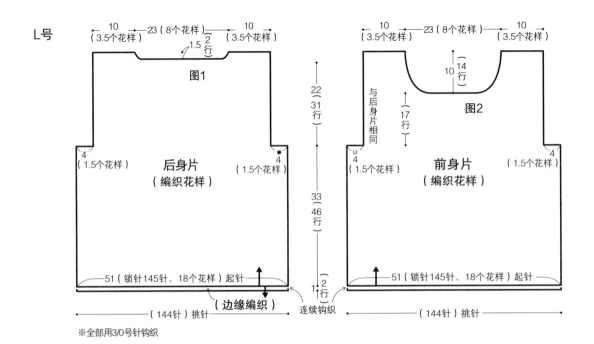

44（15个花样）

图3

袖（编织花样）

38（锁针105针、13个花样）起针

（边缘编织）

（104针）挑针

4（6行）

14（20行）

（+1个花样）

1（2行）

▷=接线
▶=断线

编织花样

2行、1个花样

8针、1个花样

图3　　袖

M锁针（89针）　L锁针（105针）起针

边缘编织

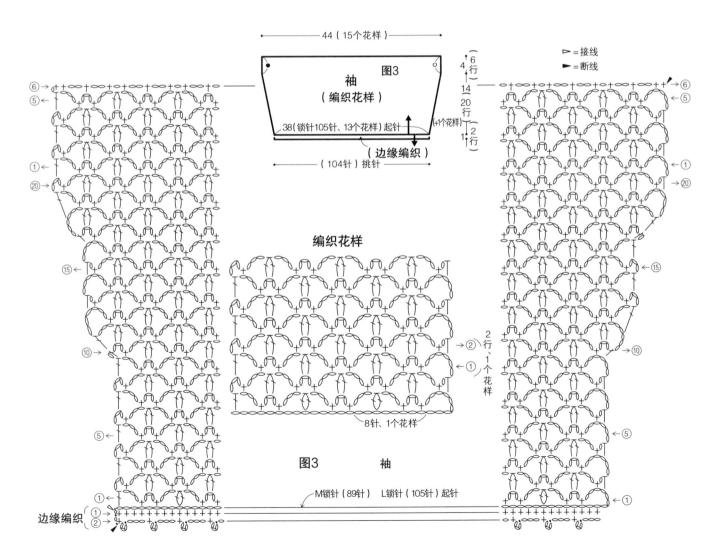

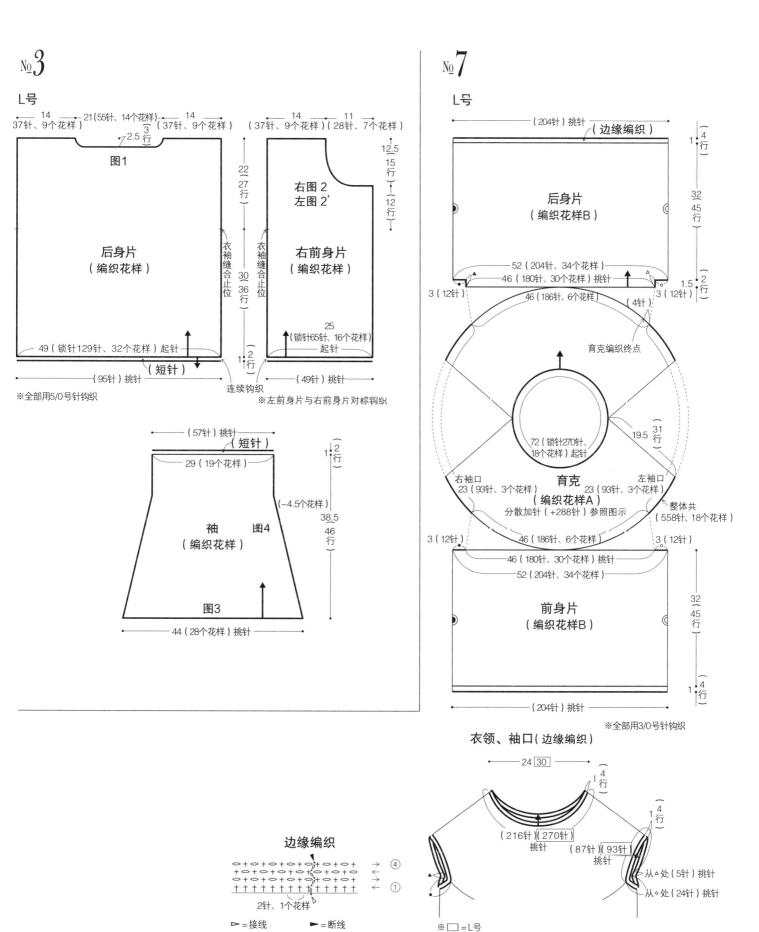

№3

L号

37针、9个花样)　14　21(55针、14个花样)　14　37针、9个花样)

图1

2.5（3行）

22（27行）

后身片
（编织花样）

衣袖缝合止位

30（36行）

49（锁针129针、32个花样）起针

（95针）挑针

（短针）

1（2行）

※全部用5/0号针钩织

连续钩织

（37针、9个花样）14　11（28针、7个花样）

12.5　15行　12行

右图2
左图2'

右前身片
（编织花样）

衣袖缝合止位

25

（锁针65针、16个花样）起针

（49针）挑针

1（2行）

※左前身片与右前身片对称钩织

（57针）挑针

（短针）

29（19个花样）

1（2行）

袖
（编织花样）　图4

（-4.5个花样）

38.5（46行）

图3

44（28个花样）挑针

边缘编织

○＋○＋○＋○＋○＋○＋○＋○＋○＋○　→④
＋○＋○＋○＋○＋○＋○＋○＋○＋
○＋○＋○＋○＋○＋○＋○＋○＋○＋○
†　†　†　†　†　†　†　†　†　†　†　†　†　†　†　←①

2针、1个花样

▷＝接线　　◀＝断线

№7

L号

（204针）挑针　（边缘编织）

1（4行）

后身片
（编织花样B）

32（45行）

52（204针、34个花样）

46（180针、30个花样）挑针

1.5（2行）

3（12针）

3（12针）

46（186针、6个花样）　（4针）

育克编织终点

72（锁针270针、18个花样）起针

19.5（31行）

右袖口　23（93针、3个花样）　育克　23（93针、3个花样）　左袖口

（编织花样A）

3（12针）　分散加针（+288针）参照图示　整体共（558针、18个花样）

3（12针）

46（186针、6个花样）

46（180针、30个花样）挑针

52（204针、34个花样）

前身片
（编织花样B）

32（45行）

1（4行）

（204针）挑针

※全部用3/0号针钩织

衣领、袖口（边缘编织）

24 30

1（4行）

1（4行）

（216针）（270针）挑针　（87针）（93针）挑针

从△处（5针）挑针

从○处（24针）挑针

※□＝L号

59

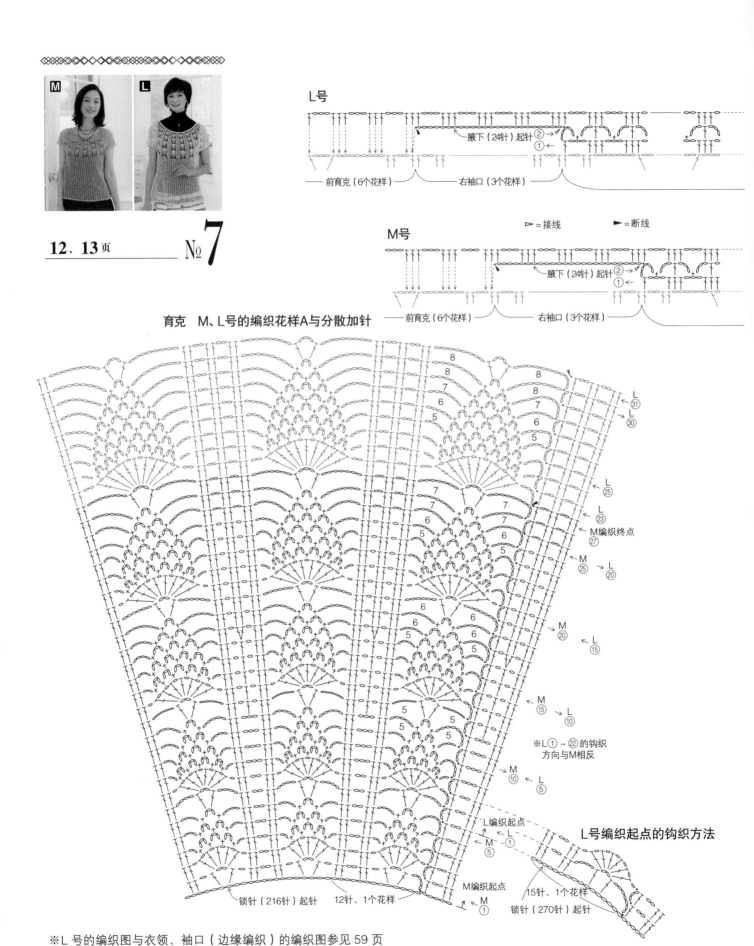

L号

腋下（24针）起针 ②
①←

——前育克（6个花样）———   ——右袖口（3个花样）———

▷ =接线   ► =断线

M号

腋下（24针）起针 ②
①←

——前育克（6个花样）———   ——右袖口（3个花样）———

育克   M、L号的编织花样A与分散加针

8
8
8
7
6   8
5   7
6

7   L ㉛
6   L ㉚
5

L ㉕

L ㉓
► M编织终点 ㉗

M ㉕ → L ㉚

7   M ㉕ → L ⑳
6
6

M ⑳
← L ⑮

6
6

M ⑮
← L ⑩

5
5
5   ※L①~㉒的钩织
                            方向与M相反

M ⑩ ← L ⑤

L号编织起点的钩织方法

L编织起点
← L ①
M ⑤

M编织起点

锁针（216针）起针   12针、1个花样   ← M ①

15针、1个花样

锁针（270针）起针

※L号的编织图与衣领、袖口（边缘编织）的编织图参见59页

由编织花样A换为编织花样B的钩织方法

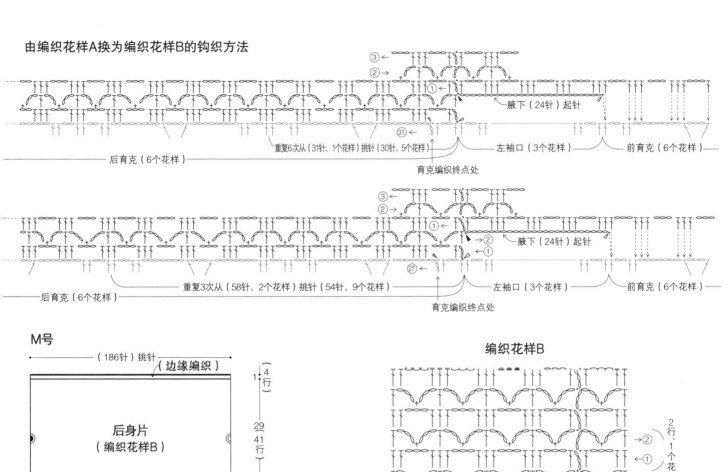

③ →
② →
① →

腋下（24针）起针

育克编织终点处

重复6次从（31针、1个花样）挑针（30针、5个花样）

后育克（6个花样） 左袖口（3个花样） 前育克（6个花样）

③ →
② →
① →

② →
① →

㉗ ←

腋下（24针）起针

育克编织终点处

重复3次从（58针、2个花样）挑针（54针、9个花样）

后育克（6个花样） 左袖口（3个花样） 前育克（6个花样）

㉛ ←

M号

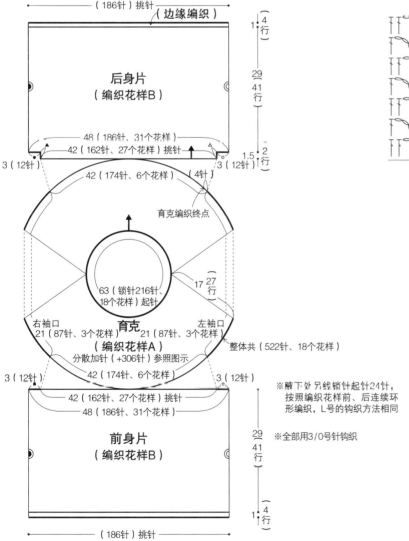

（186针）挑针

（边缘编织）

后身片
（编织花样B）

48（186针、31个花样）
42（162针、27个花样）挑针

3（12针）   3（12针）

42（174针、6个花样）   4针

育克编织终点

63（锁针216针）
18个花样）起针

17 ⎰27
⎱行

右袖口   左袖口
21（87针、3个花样）   21（87针、3个花样）
育克
（编织花样A）
分散加针（+306针）参照图示

整体共（522针、18个花样）

3（12针）   3（12针）

42（174针、6个花样）

42（162针、27个花样）挑针
48（186针、31个花样）

前身片
（编织花样B）

（186针）挑针

4行
29
41行
1.5
2行
1
4行
29
41行

※腋下处另线锁针起针24针，
按照编织花样前、后连续环
形编织，L号的钩织方法相同

※全部用3/0号钩织

编织花样B

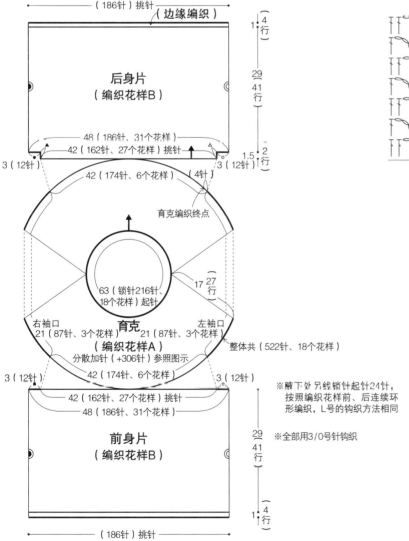

2行、1个花样

6针、1个花样

准备材料
线　Wister Sofcool　Ⓜ…浅蓝色（4）210g/7团
　　Ⓛ…灰色（5）260g/9团
钩针　3/0号
成品尺寸　Ⓜ…胸围96cm，衣长48.5cm，连肩袖长
30cm　Ⓛ…胸围104cm，衣长54cm，连肩袖长35.5cm
密度　边长10cm的正方形内：编织花样B 6.5个花样，14
行

编织要点
编织花样A、B均做环形编织，注意要改变钩织方向。
育克　从左后身片领窝处开始钩织。环形钩织锁针起
针，约18个花样的长度，挑起锁针的里山，扩展编织花
样A。注意L号的编织起点与M号的钩织方向不同。
编织终点处断线。
前、后身片　在指定位置接线，后身片钩织2行平针。
衣袖开口止位接线，起24针锁针，跳过衣袖开口处，环
形编织前、后身片。按照编织花样B钩织，编织终点处
环形做边缘编织。
组合　衣领、衣袖做边缘编织。

61

11 页 ───── №**6**

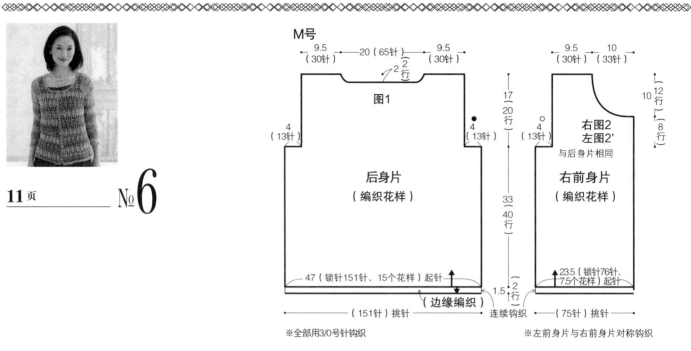

M号

图1

9.5（30针） 20（65针） 9.5（30针）

2（2行）

4（13针） 4（13针）

后身片
（编织花样）

17（20行）

33（40行）

47（锁针151针、15个花样）起针

（151针）挑针

1.5（2行）

（边缘编织）

连续钩织

9.5（30针） 10（33针）

右图2
左图2'
与后身片相同

右前身片
（编织花样）

4（13针）

10（12行）

（8行）

23.5（锁针76针、7.5个花样）起针

（75针）挑针

※全部用3/0号针钩织

※左前身片与右前身片对称钩织

编织花样

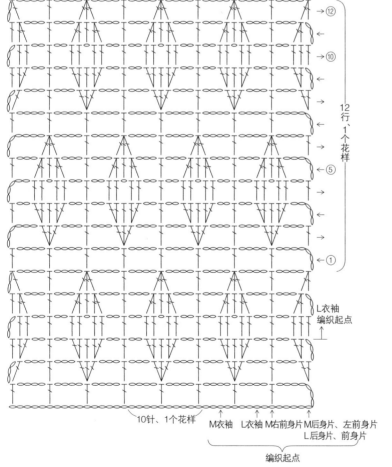

→⑫

←⑩

→

←

12行、1个花样

←⑤

→

→

←①

L衣袖
编织起点

10针、1个花样

M衣袖 L衣袖 M右前身片 M后身片、左前身片
L后身片、前身片

编织起点

M袖窿

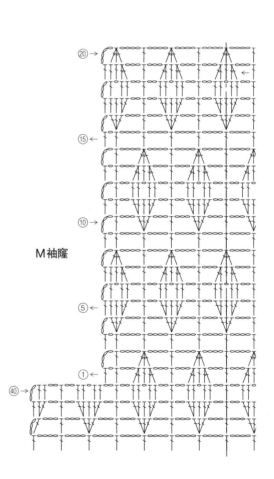

⑳→

←⑮

⑩→

←⑤

←①

⑩→

L号

11（35针） 20（65针）2行 11（35针）

图1
图1'

后身片
（编织花样）

4（13针） 4（13针）

50（锁针161针、16个花样）起针
（160针）挑针
（边缘编织）

18.5（22行）

36.5（44行）

1.5 2行

11（35针） 10（33针）

右图2
左图2'
与后身片相同

右前身片
（编织花样）

4（13针）

10 12行 10行

25（锁针81针、8个花样）起针
连续钩织
（81针）挑针

※全部用3/0号针钩织

※左前身片与右前身片对称钩织

准备材料

线 Wister Span Tiara（gradation）绿色系深浅段染线（102）Ⓜ…190g/8团 Ⓛ…220g/9团

纽扣 1.8cm×1.5cm的椭圆形纽扣6颗

钩针 3/0号

成品尺寸 Ⓜ…胸围95.5cm，肩宽39cm，衣长51.5cm，袖长36.5cm Ⓛ…胸围101.5cm，肩宽42cm，衣长56.5cm，袖长39cm

密度 边长10cm的正方形内：编织花样32针，12行

编织要点

注意M号和L号的编织起点位置不同。

后身片 下摆处钩织锁针起针，挑起锁针的里山按照编织花样钩织。袖窿、领窝参照图1钩织。

前身片 钩织要领与后身片相同。在前身片中心处左右对称钩织。领窝参照右图2、左图2'钩织。

衣袖 钩织要领与后身片相同，但编织起点位置不同。袖下参照图3钩织。

组合 肩部、衣袖连接处正面相对对齐，做锁针的引拔针接合，胁、袖下做锁针的引拔接合。边缘编织的第1行按照下摆、衣领、前门襟的顺序挑织（从锁针和长针的编织行整段挑织），第2行连续钩织。袖口环形做边缘编织。扣眼利用边缘编织的空隙充当，在左前身片缝上纽扣。

▷=接线
▶=断线

边缘编织

图1 后领窝

后身片中心

M袖窿

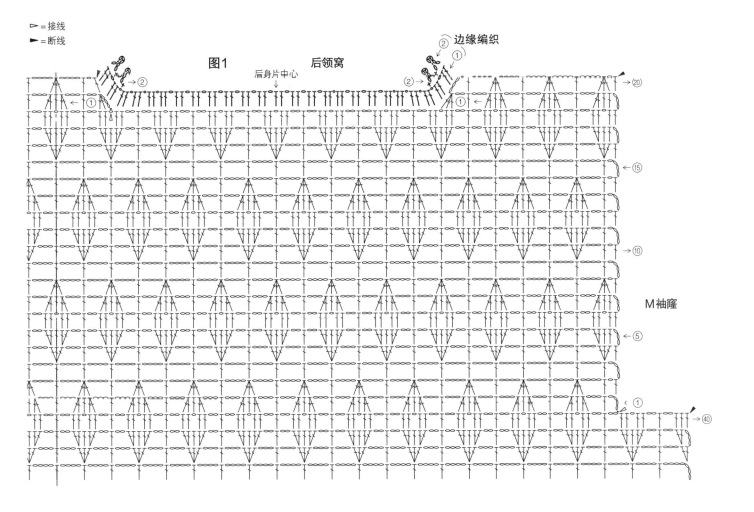

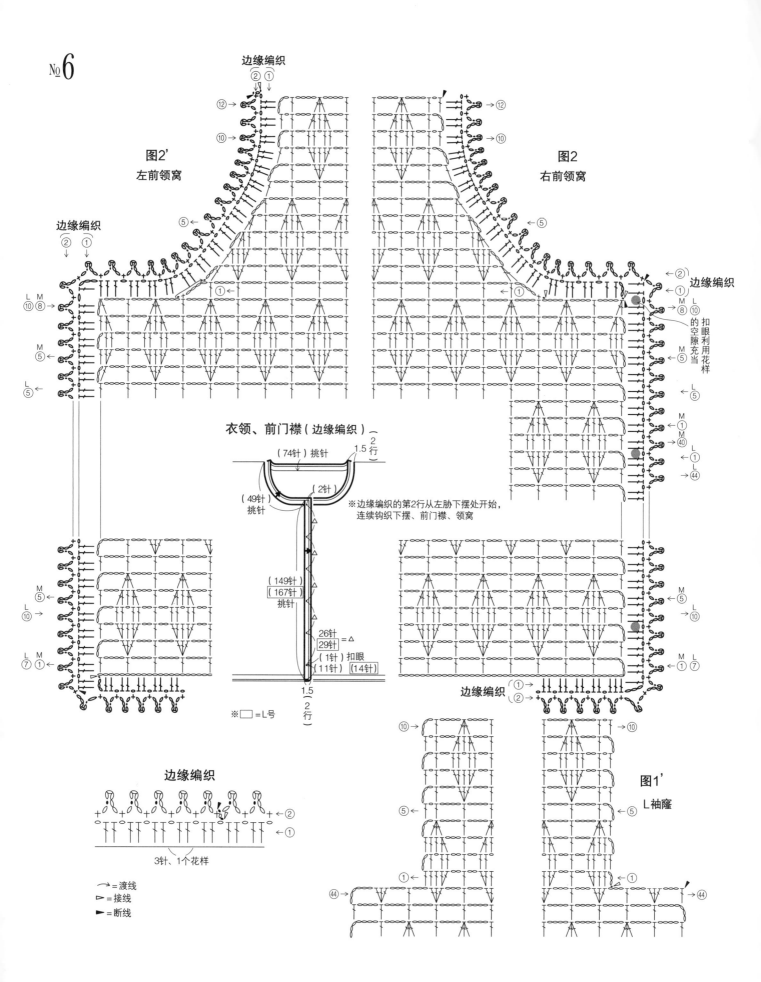

边缘编织
②①

图2'
左前领窝

边缘编织
②①

图2
右前领窝

边缘编织
②①

扣眼利用花样
的空陈充当

衣领、前门襟（边缘编织）
（74针）挑针
1.5（2行）
（2针）
（49针）挑针
（149针）
[167针]
挑针
26针
[29针] =△
（1针）扣眼
（11针）[14针]
1.5（2行）
※□=L号

※边缘编织的第2行从左胁下摆处开始，
连续钩织下摆、前门襟、领窝

边缘编织
②①

图1'
L袖窿

边缘编织
3针、1个花样

→ =渡线
▷ =接线
► =断线

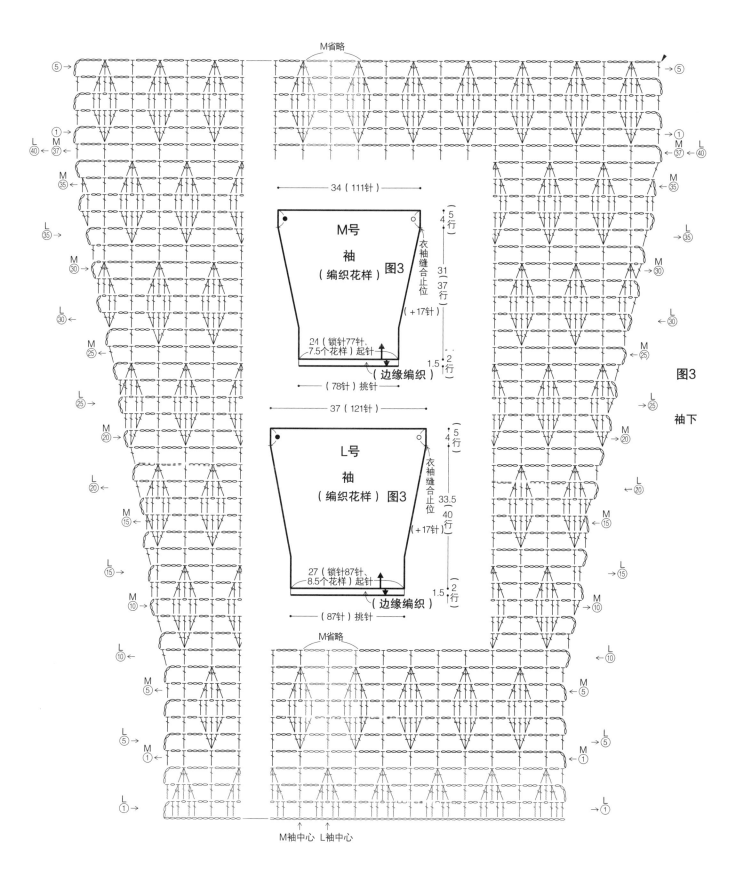

M省略

⑤

①
L�40 M㊲

M㉟

L㉟

M㉚

L㉚

M㉕

L㉕

M⑳

L⑳

M⑮

L⑮

M⑩

L⑩

M⑤

M①

L⑤

L①

⑤

①
M㊲ L⑩

M㉟

L㉟

M㉚

L㉚

M㉕

L㉕

M⑳

L⑳

M⑮

L⑮

M⑩

L⑩

34（111针）

● ○

M号
袖
（编织花样）图3

31
37
行

（+17针）

24（锁针77针、
7.5个花样）起针

衣袖缝合止位

5
4 行

1.5
2 行

（边缘编织）

（78针）挑针

37（121针）

● ○

L号
袖
（编织花样）图3

33.5
40
行

（+17针）

27（锁针87针、
8.5个花样）起针

衣袖缝合止位

5
4 行

1.5
2 行

（边缘编织）

（87针）挑针

图3

袖下

M省略

M袖中心 L袖中心

14、15页 _____ №8

准备材料

线 M…Wister 水洗棉（gradation）浅蓝色、粉色、绿色系段染线（6）340g/9团 L…Wister 水洗棉 浅蓝紫色（4）390g/10团

纽扣 直径1.8cm的纽扣6颗

钩针 M…4/0号 L…5/0号

成品尺寸 M…胸围97.5cm，肩宽41cm，衣长69.5cm L…胸围103.5cm，肩宽44cm，衣长76.5cm

密度 边长10cm的正方形内：编织花样A M…1个花样4.8cm，10行 L…1个花样5.1cm，9行

编织要点

M、L号的分步编织图相同。

育克 第2行的后领窝和第23行袖窿处的编织行，针目高度减至一半。按照左前身片、后身片、右前身片的顺序钩织，从第23行起连续钩织。在左前身片肩部钩织锁针起针，挑起锁针的里山开始钩织。参照图1做编织花样，完成22行后休线。右后身片肩部参照图2钩织1行，休线。左后身片肩部也钩织1行，钩织锁针起针35针后，引拔至右袖窿，断线。使用右后身片肩部的休线钩织后身片整体。编织终点处钩织5针锁针后引拔至左袖窿。右前身片也与左前身片对称钩织。

主体 前、后身片连续钩织，增加1个菠萝花样的山，完成43行后，钩织3行短针。

组合 肩部正面相对对齐，做卷针缝缝合，衣领、前门襟处挑起短针钩织（从锁针和长针的整段挑织），在右前门襟开扣眼，袖窿变化钩织方向，环形编织短针。在左前门襟缝上纽扣。

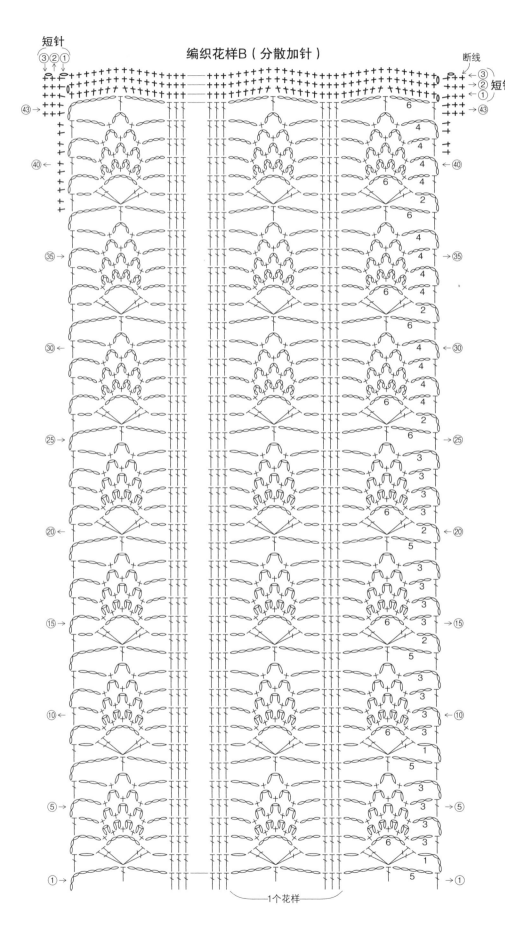

编织花样B（分散加针）

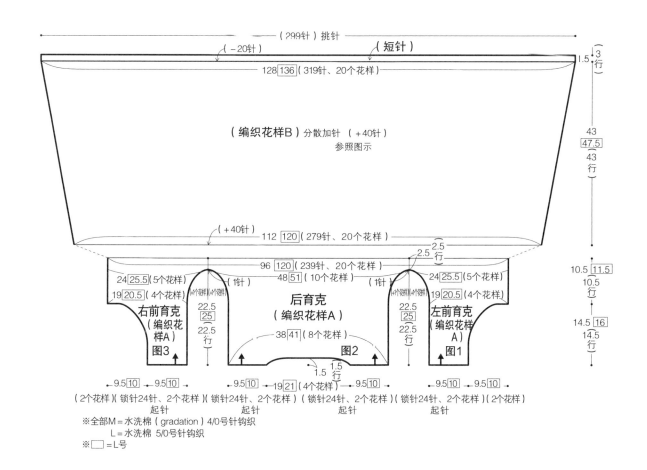

（299针）挑针
（-20针）　　　（短针）
128 136（319针、20个花样）　　　　　　1.5｛3 行

（编织花样B）分散加针　（+40针）
参照图示

43
47.5
43 行

（+40针）112 120（279针、20个花样）
2.5 行 2.5
96 120（239针、20个花样）
48 51（10个花样）
24 25.5（5个花样）　（1针）　　　后育克　　　（1针）　24 25.5（5个花样）
19 20.5（4个花样）＋个花样＋个花样　（编织花样A）　＋个花样＋个花样　19 20.5（4个花样）
右前育克　22.5　　　　　　　22.5　左前育克
（编织花　25　　　　　　25　（编织花样
样A）　22.5 行　38 41（8个花样）　22.5 行　A）
图3　　图2　　图1
1.5 行 1.5

10.5 11.5
10.5 行

14.5 16
14.5 行

←9.5 10→←9.5 10→　←9.5 10→　19 21（4个花样）　←9.5 10→←9.5 10→
（2个花样）（锁针24针、2个花样）（锁针24针、2个花样）（锁针24针、2个花样）（锁针24针、2个花样）（2个花样）
起针　　　　起针　　　　起针　　　　起针

※全部M＝水洗棉（gradation）4/0号针钩织
　　　L＝水洗棉　5/0号针钩织
※□＝L号

编织花样A

→⑩
←
→
→
←
5
→
←⑤
→
←
→
←
5
←①

10 行、1 个花样

12针、1个花样

衣领、前门襟、袖窿（短针）

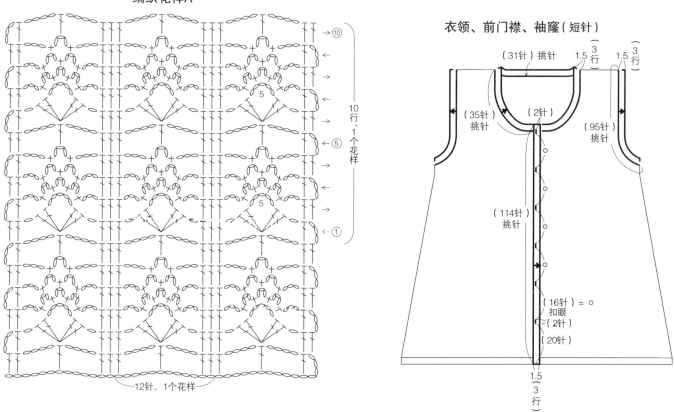

（31针）挑针　1.5｛3 行　（3 行
1.5　1.5

（35针）挑针　（2针）　（95针）挑针

（114针）挑针

（16针）＝○
扣眼
（2针）
（20针）

1.5｛3 行

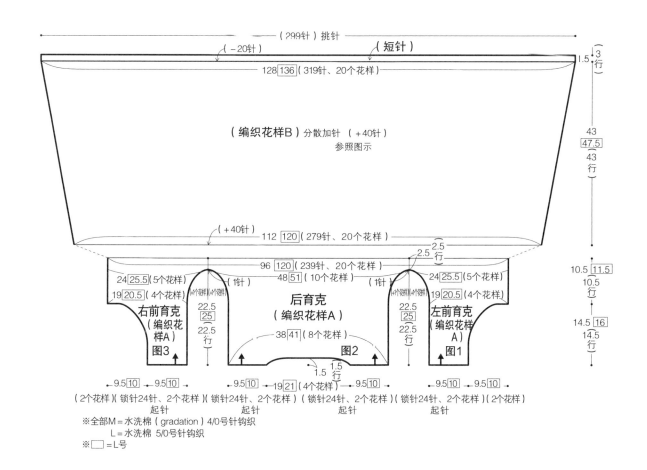

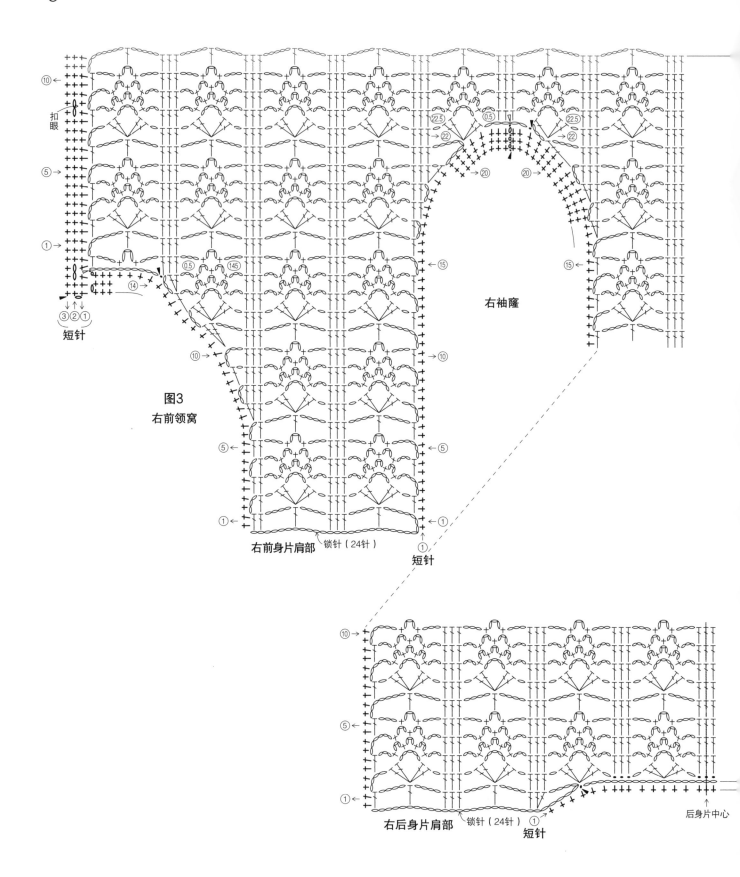

⑩ ←

扣眼

⑤ →

① →

③②①

短针

图3
右前领窝

⓪.5 ⑭5

⑭ →

⑩ →

⑤ ←

① ←

右前身片肩部 锁针（24针）

右袖窿

㉒.5 ⓪.5 ㉒.5
㉒   ㉒
⑳   ⑳

⑮ →   ← ⑮

⑩

⑤

①

短针

⑩ ←

⑤ ←

① ←

右后身片肩部 锁针（24针） ①

短针

后身片中心

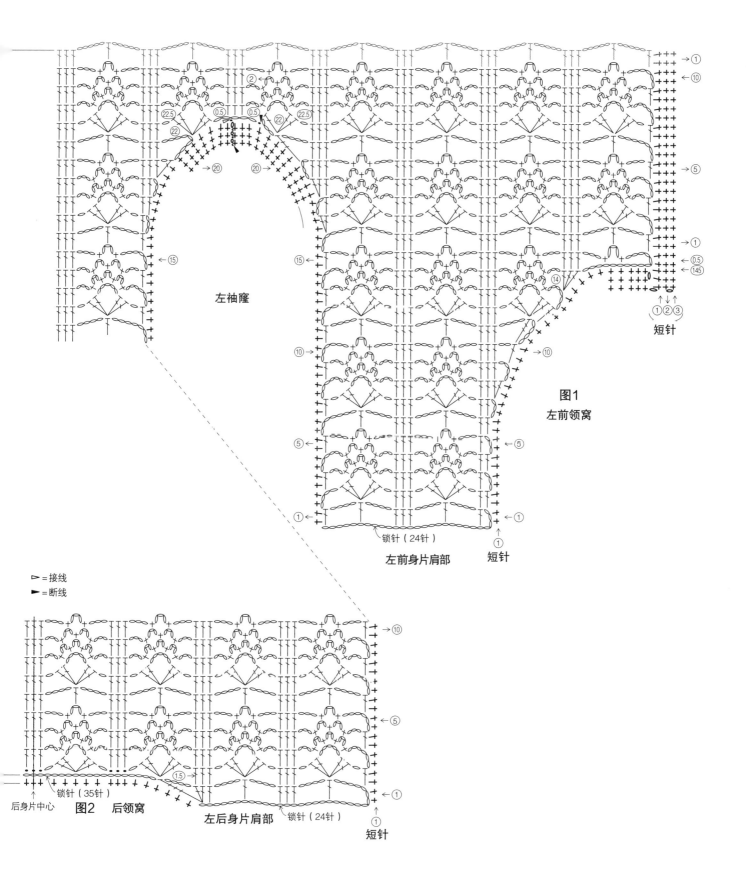

左袖窿

图1
左前领窝

短针

左前身片肩部

锁针（24针）

短针

▷=接线
►=断线

后身片中心

锁针（35针）

图2　后领窝

左后身片肩部　锁针（24针）

短针

准备材料

线 Wister 水洗棉 沙土色（2） M…340g/9
团 L…380g/10团

钩针 M…5/0号 L…6/0号

成品尺寸 M…胸围95cm，衣长59cm，连肩
袖长约54.5cm L…胸围100cm，衣长62cm，
连肩袖长57cm

花片尺寸 M…9.5cm×9.5cm L…10cm×
10cm

编织要点

M、L号的花片编织图相同。环形起针钩织花

片。完成第1枚后，从第2枚开始，在花片的最
终行与相连花片钩织连接。

后身片、前身片 按照图示数字顺序钩织连接
花片。环形编织到胁处，从衣袖缝合止位开始
分别向前、后身片钩织。预留衣袖开口，连接
肩部。

衣袖 与前、后身片衣袖连接处连续钩织。胁
下将1枚花片折叠连接。

组合 从下摆、衣领开口、袖口处挑针（从锁
针处整段挑织）环形做边缘编织。

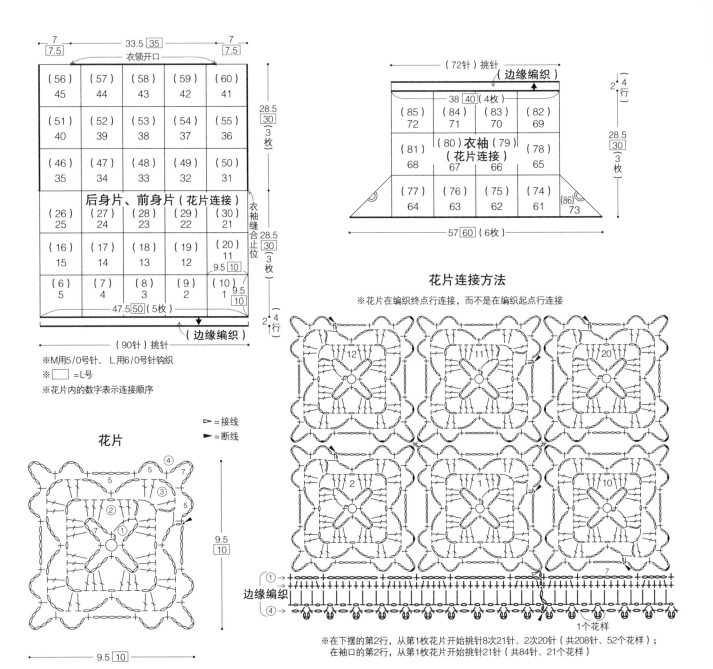

※M用5/0号针、L用6/0号针钩织

※ □ ＝L号

※花片内的数字表示连接顺序

＞＝接线
■＝断线

花片

花片连接方法

※花片在编织终点行连接，而不是在编织起点行连接

①→
④→

边缘编织

1个花样

※在下摆的第2行，从第1枚花片开始挑针8次21针、2次20针（共208针、52个花样）；
在袖口的第2行，从第1枚花片开始挑针21针（共84针、21个花样）

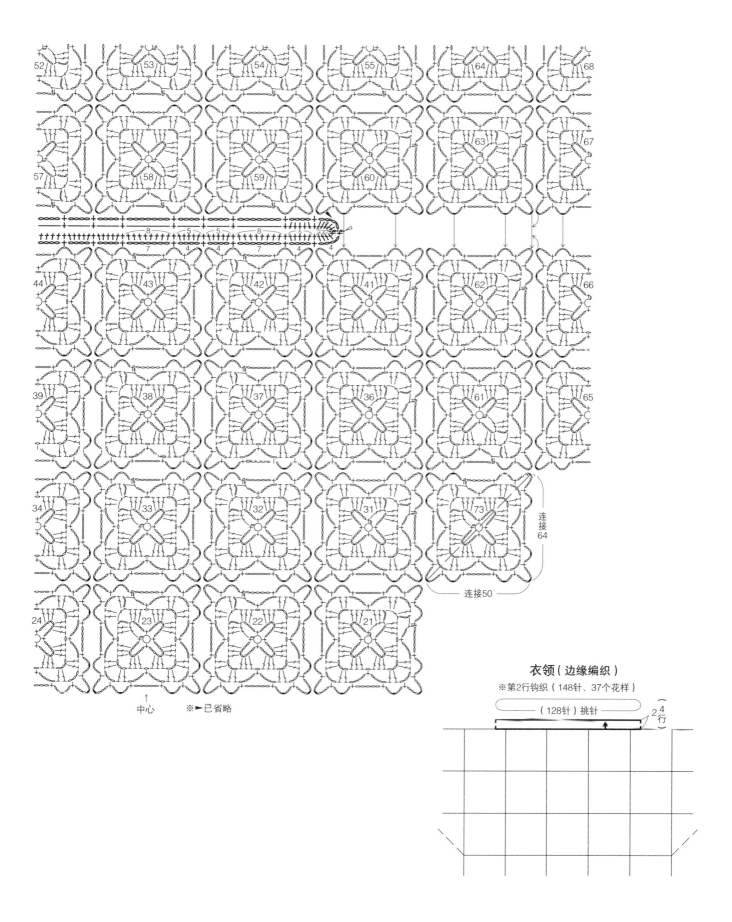

衣领（边缘编织）

※第2行钩织（148针、37个花样）

（128针）挑针

2 { 4 行 }

52 53 54 55 64 68
57 58 59 60 63 67
44 43 42 41 62 66
39 38 37 36 61 65
34 33 32 31 73 65

连接64

连接50

24 23 22 21

中心 ※►已省略

准备材料

线 Wister Fiora 驼色混合粉色、绿色（31） **M** …250g/9团 **L** …280g/10团

钩针 3/0号

成品尺寸 **M** …胸围96cm，肩宽34cm，衣长70cm **L** …胸围104cm，肩宽38cm，衣长72cm

密度 边长10cm的正方形内：编织花样 A 5个花样，10行；编织花样B 1个花样4.5cm×10cm，10行

编织要点

锁针、边缘编织均从锁针部分整段挑织。

后育克 在胸部花样变换处钩织锁针起针，挑起锁针的半针和里山，开始做编织花样A。袖窿、领窝参照图1钩织。

前育克 与后身片育克钩织要领相同。但领窝参照图2钩织。

前、后身片 胁处做锁针的引拔接合。在育克的起针处挑针，环形编织2行短针。换成编织花样B，一直钩织到下摆。下摆处再钩织1行边缘编织a。

组合 肩部正面相对对齐，做锁针的引拔接合。衣领、袖窿处环形编织2行边缘编织。

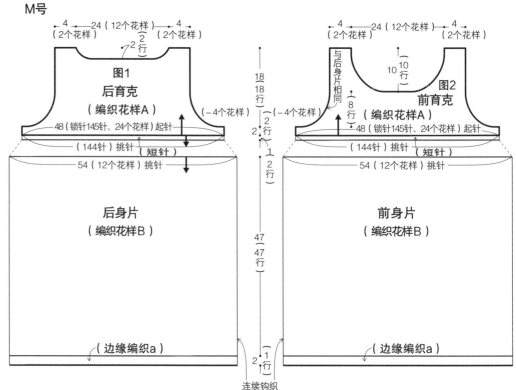

图1 后育克（编织花样A）
图2 前育克（编织花样A）
后身片（编织花样B）
前身片（编织花样B）

※全部用3/0号针钩织

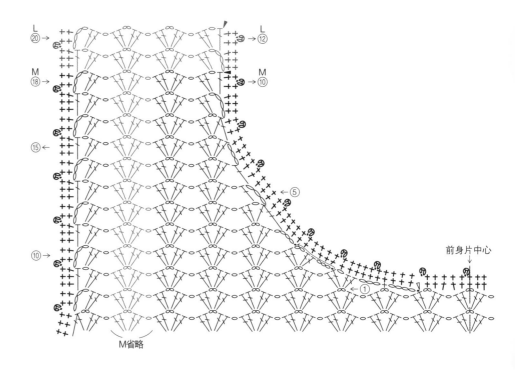

L号

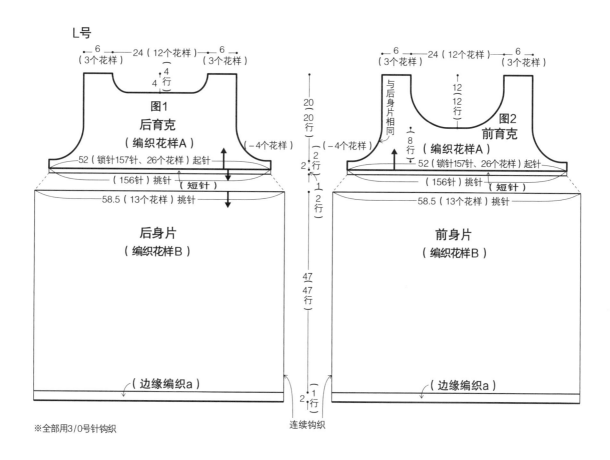

图1
后育克
（编织花样A）

52（锁针157针、26个花样）起针
（156针）挑针（短针）
58.5（13个花样）挑针

后身片
（编织花样B）

（边缘编织a）

※全部用3/0号针钩织

6
（3个花样）
24（12个花样）
6
（3个花样）

（4行）4

（−4个花样）
20（20行）
（−4个花样）
2（2行）
1（2行）
47（47行）
2（1行）
连续钩织

图2
前育克
（编织花样A）

与后身片相同
52（锁针157针、26个花样）起针
（156针）挑针（短针）
58.5（13个花样）挑针

前身片
（编织花样B）

（边缘编织a）

6
（3个花样）
24（12个花样）
6
（3个花样）

12（12行）

8行

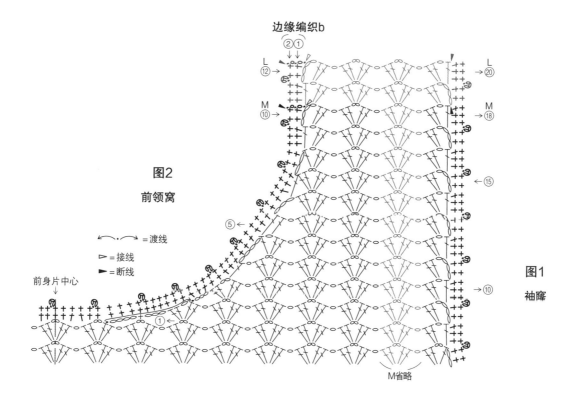

边缘编织b

②①

L⑫→
M⑩→

图2
前领窝

→ ·→ =渡线
▷ =接线
► =断线

前身片中心

⑤

①

L→⑳
M→⑱

←⑮

←⑩

图1
袖窿

M省略

73

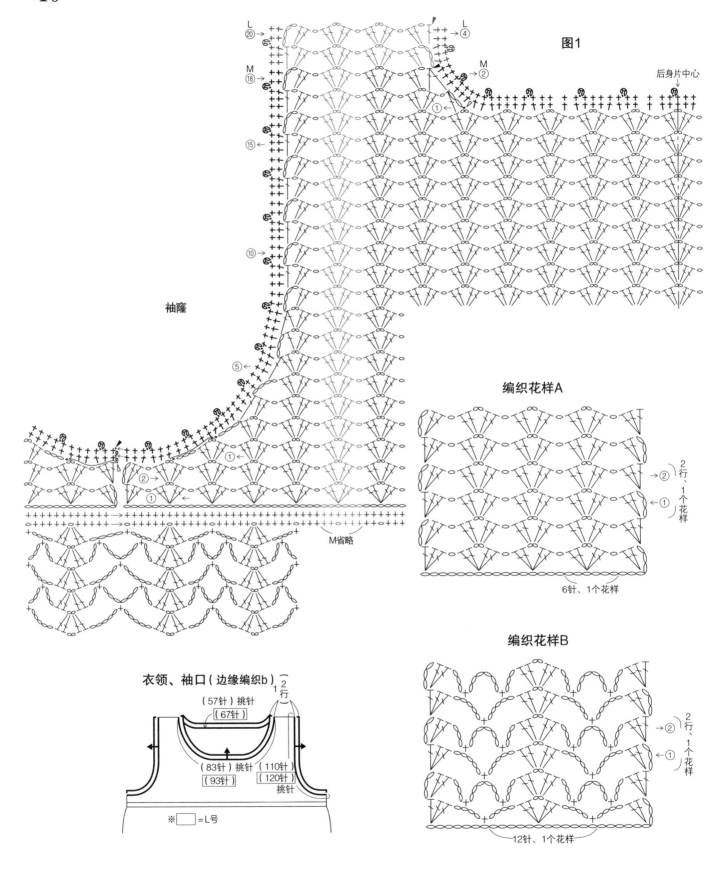

图1

袖窿

编织花样A

2行、1个花样
→②
←①

6针、1个花样

编织花样B

2行、1个花样
→②
←①

12针、1个花样

衣领、袖口（边缘编织b）

1行 2行

（57针）挑针
［（67针）］

（83针）挑针　（110针）
［（93针）］　［（120针）］
挑针

※ □ ＝L号

M省略

后身片中心

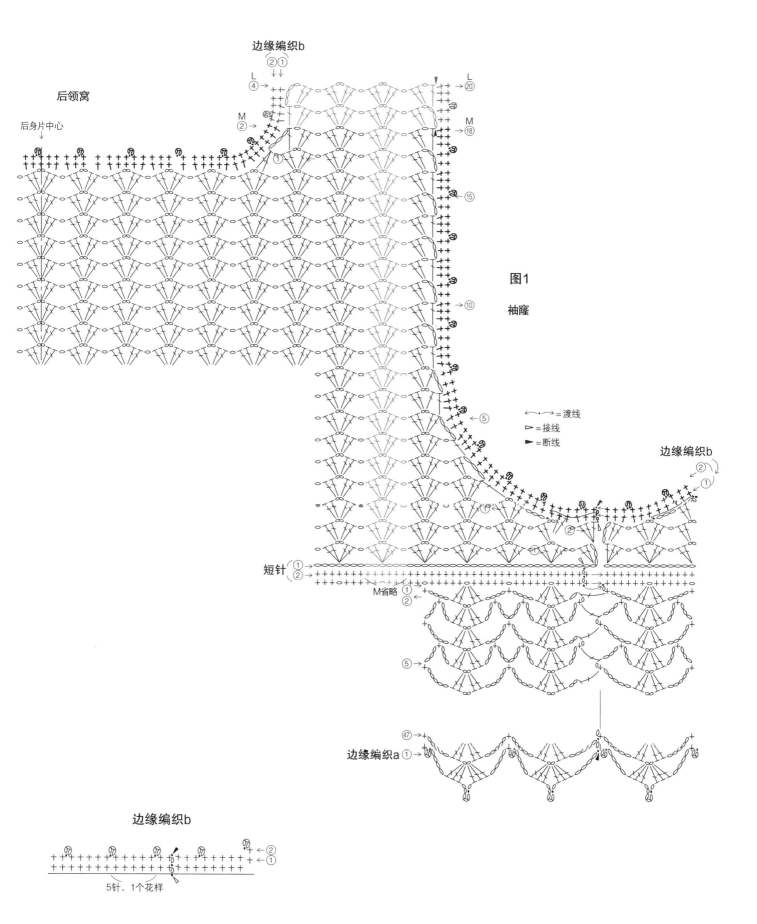

后领窝

后身片中心

边缘编织b

袖隆

图1

短针

M省略

边缘编织a

边缘编织b

5针、1个花样

= 渡线
= 接线
= 断线

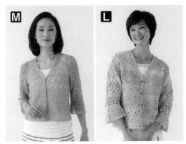

M L

18、19页 ——— № **11**

准备材料

线 **M**…Wister Linen Etoile 粉色（4）220g/8团 **L**…Wister 水洗棉(gradation) 米色深浅段染线 450g/12团

纽扣 **M**…1cm×1cm的心形纽扣 **L**……直径1.8cm的纽扣 各4颗

钩针 **M**…2/0号、3/0号 **L**…3/0号、4/0号

成品尺寸 **M**…胸围93cm，肩宽34cm，衣长50cm 袖长40cm **L**…胸围107.5cm，肩宽39cm，衣长57.5cm，袖长46cm

密度 编织花样A **M**…1个花样12.5行，4.6cm×10cm **L**…1个花样11行，5.3cm×10cm

编织要点

M、L的分步编织图相同。

后身片 下摆处钩织锁针起针，挑起锁针的半针和里山按照编织花样开始钩织。腰部改变钩针的号数钩织。袖窿、领窝参照图1钩织。

前身片 钩织要领与后身片相同。在前身片中心处左右对称钩织。领窝参照右身片图2、左身片图2'钩织。

衣袖 钩织要领与后身片相同，袖下、袖山参照图3钩织。袖口挑针（从锁针链整段挑织）做编织花样B。

组合 后身片、前身片的肩部正面相对对齐做锁针的引拔接合，胁、袖下做锁针的引拔接合。下摆、前门襟、衣领做3行边缘编织，并在右前门襟上开扣眼，第4行连续钩织1圈。衣袖做引拔接合与身片连接。在左前门襟缝上纽扣。

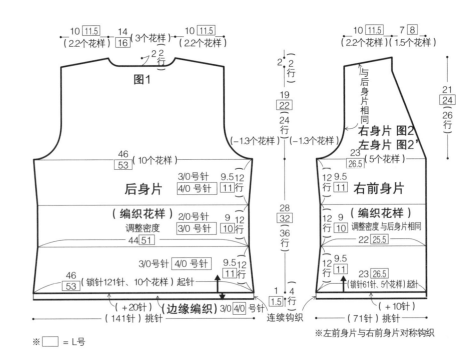

图1

后身片
3/0号针 4/0号针 9.5 12 / 11 行
（编织花样）2/0号针 调整密度 3/0号针 9 12 / 10 行
46/53（10个花样）
44/51
46/53（锁针121针、10个花样）起针
3/0号针 4/0号针 9.5 12 / 11 行
（+20针）（边缘编织）3/0 4/0 号针
（141针）挑针

10 11.5（2.2个花样） 14 16（3个花样） 10 11.5（2.2个花样）
2 2 行
19 22 24 行（-1.3个花样）（-1.3个花样）
28 32 36 行
1 4 / 1.5 行

右身片 图2
左身片 图2'
右前身片
与后身片相同
10 11.5（2.2个花样） 7 8（1.5个花样）
2 2 行
23 26.5（5个花样）
12 9.5 / 11
（编织花样）2 9 / 10 行 调整密度与后身片相同
22 25.5
12 9.5 / 11
23 26.5（锁针61针、5个花样）起针
（+10针）
（71针）挑针
21 24 26 行
连续钩织

※ □ = L号

※左前身片与右前身片对称钩织

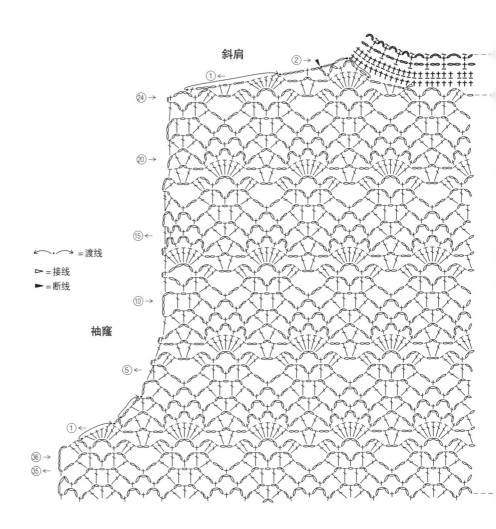

斜肩

袖窿

↶·↷ =渡线
▷ =接线
► =断线

② ①
㉔→
⑳→
⑮←
⑩→
⑤←
①←
㊱←
㉟←

衣领、前门襟（边缘编织）3/0 4/0 号针

编织花样A

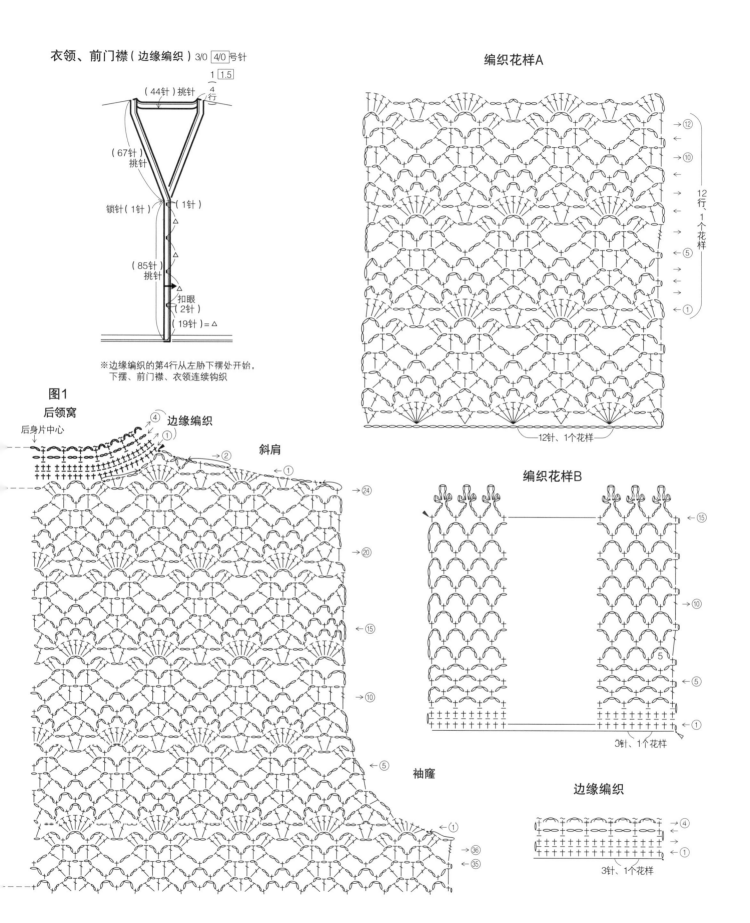

（44针）挑针
1 1.5
4
行

（67针）
挑针

锁针（1针） （1针）

（85针）
挑针

扣眼
（2针）
（19针）= △

※边缘编织的第4行从左胁下摆处开始，
下摆、前门襟、衣领连续钩织

图1
后领窝
后身片中心
边缘编织
斜肩
袖窿

编织花样B

3针、1个花样

边缘编织

3针、1个花样

12针、1个花样

12行、1个花样

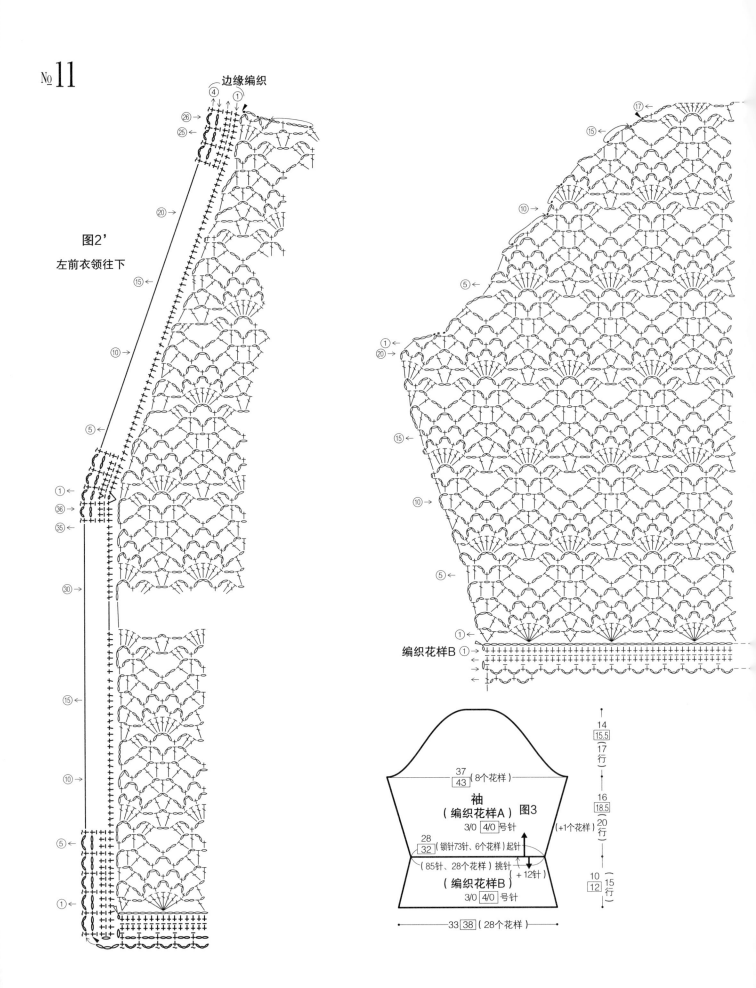

边缘编织

图2'
左前衣领往下

编织花样B ①

袖
（编织花样A） 图3
3/0 4/0 号针
37
43 （8个花样）
28
32 （锁针73针、6个花样）起针
（85针、28个花样）挑针 +12针
（编织花样B）
3/0 4/0 号针
33 38 （28个花样）

14
15.5
（17行）
16
18.5
20行
（+1个花样）
10
12 15行

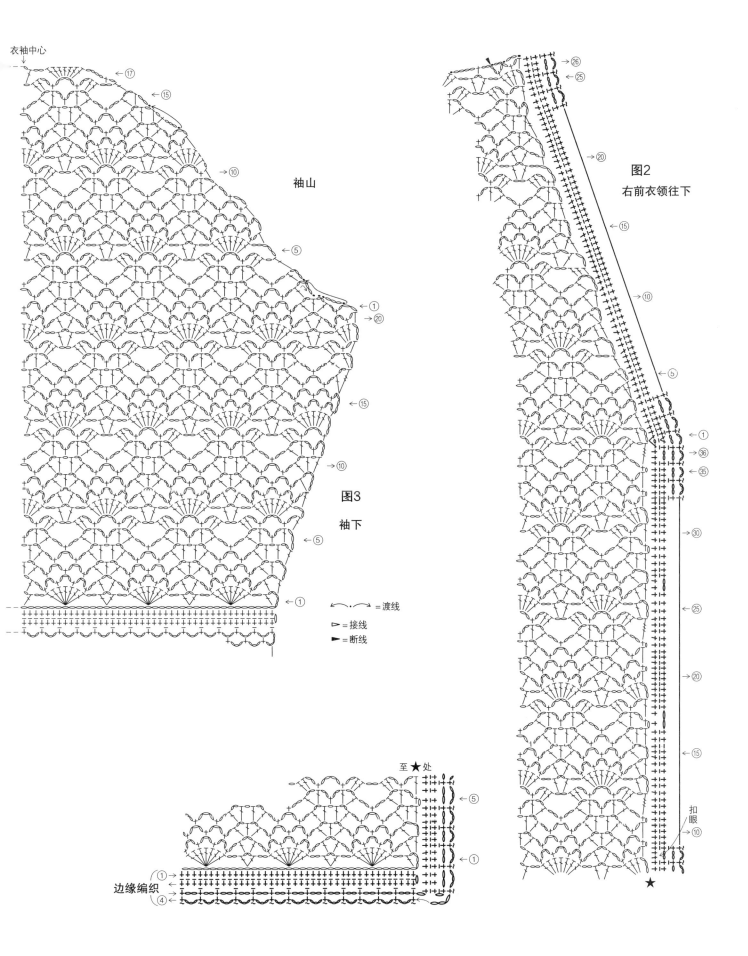

衣袖中心

袖山

图3
袖下

⟵ ⟶ = 渡线
▷ = 接线
► = 断线

图2
右前衣领往下

至★处

边缘编织

扣眼

20页 ——————— №**12**

准备材料
线 Wister Ardhia 紫色和浅蓝色系的混合（22） **M**…260g/9团 **L**…280g/10团

钩针 6/0号

成品尺寸 **M**…长32cm **L**…长33.5cm

密度 编织花样A6.5行，1个花样3cm×10cm

编织要点
主体 编织花样A、B均做环形编织。从领窝处开始钩织。环形锁针起针，挑起锁针的半针和里山，扩展编织花样A。完成9圈后，做编织花样B，从1个编织花样中织出3个编织花样。M号钩织10圈，L号钩织11圈。

组合 从领窝处挑针做边缘编织。系绳做罗纹绳钩织，穿在主体的第1圈。两端装饰流苏。

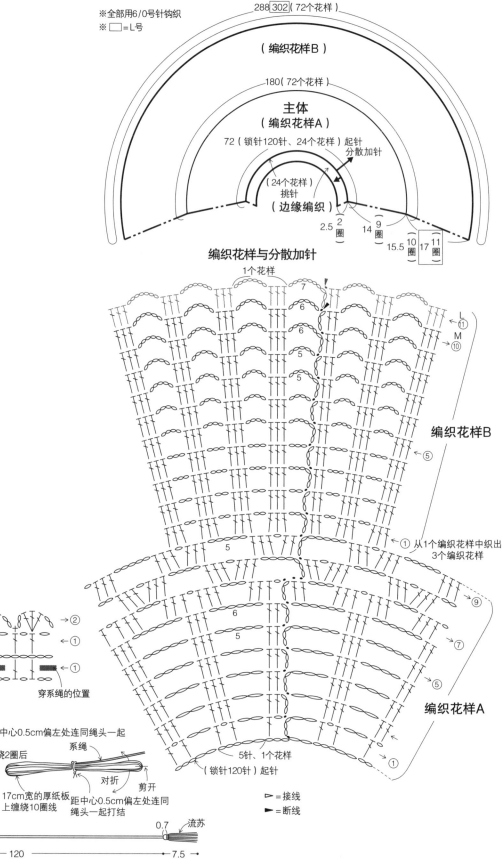

※全部用6/0号针钩织
※□=L号

288 302（72个花样）

（编织花样B）

180（72个花样）

主体
（编织花样A）

72（锁针120针、24个花样）起针

分散加针

（24个花样）挑针

（边缘编织）

2.5　2圈　14　9圈　15.5　10圈 17 11圈

编织花样与分散加针

1个花样

L ⑪
M ⑩

编织花样B

① 从1个编织花样中织出3个编织花样

⑨

⑦

⑤

编织花样A

5针、1个花样
（锁针120针）起针

▷=接线
▶=断线

边缘编织

1个花样

→②

←①

←①

穿系绳的位置

流苏的制作
①在17cm宽的厚纸板上缠绕10圈线，在距中心0.5cm偏左处连同绳头一起牢牢打结。
②剪开右侧线圈，并对折。在下端0.7cm缠绕2圈后牢牢打结。
③打结的线也藏入流苏之中。
④剪开左侧线圈，修剪流苏。

系绳
对折
剪开

17cm宽的厚纸板上缠绕10圈线
距中心0.5cm偏左处连同绳头一起打结

系绳（罗纹绳）

0.7 流苏

←7.5— ———120——— —7.5→

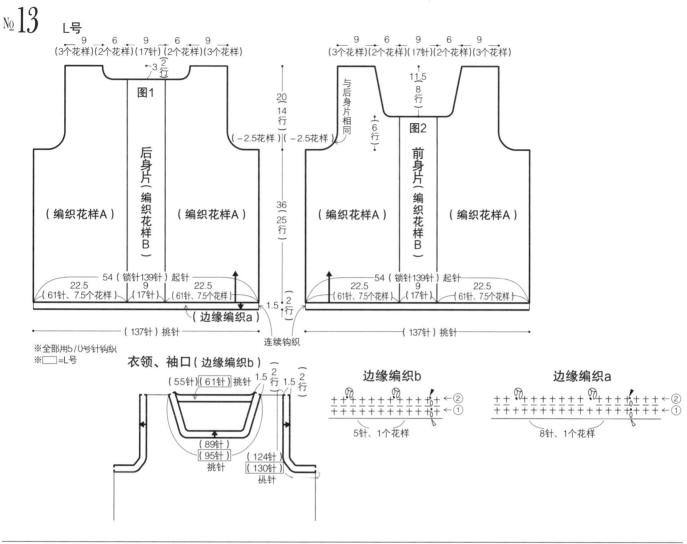

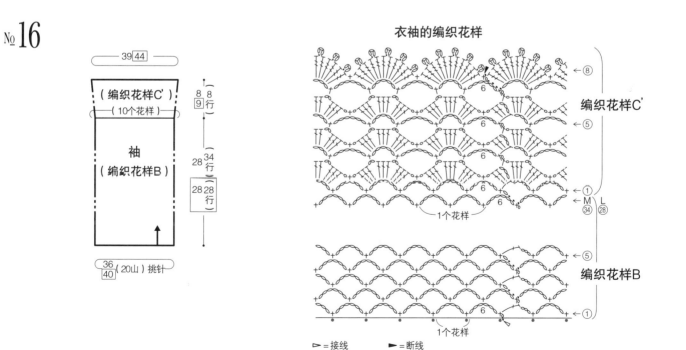

准备材料

线 Wister Irise 灰蓝色、浅紫色、灰色的段染线
（61） M…230g/8团 L…260g/9团

钩针 5/0号

成品尺寸 M…胸围96cm，肩宽36cm，衣长
56cm L…胸围108cm，肩宽42cm，衣长
57.5cm

密度 编织花样A 1个花样7行，3cm×10cm；
编织花样B 7行，9cm×10cm

编织要点

后身片 下摆处钩织锁针起针，挑起锁针的里
山开始钩织，组合做编织花样A、B。袖窿、领
窝参照图1钩织。

前身片 钩织要领与后身片相同。领窝参照
图2钩织。

组合 肩部正面相对对齐，做锁针的引拔接
合，胁处做锁针的引拔接合。下摆、衣领、袖窿
处钩织2行边缘编织，从锁针和长长针的编织
行整段挑织。

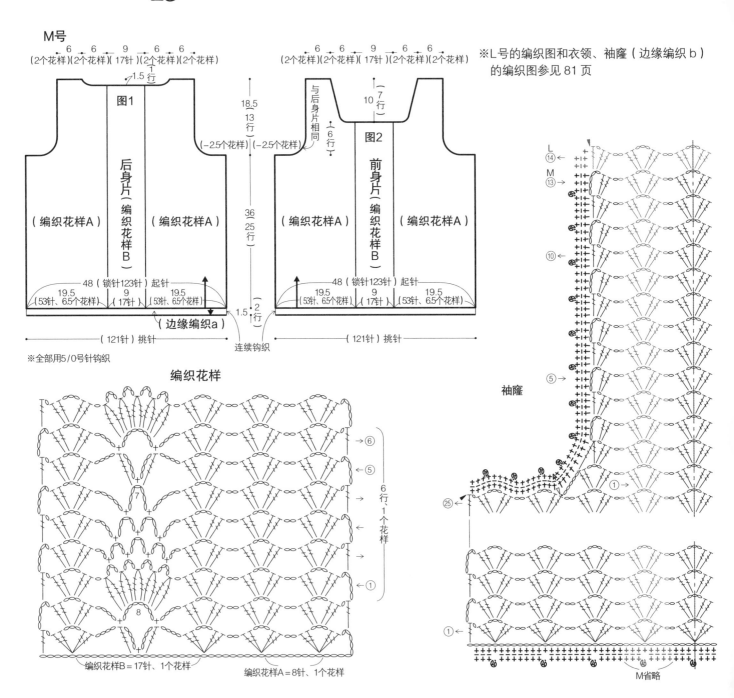

M号

※L号的编织图和衣领、袖窿（边缘编织 b ）
的编织图参见 81 页

※全部用5/0号针钩织

编织花样

编织花样B＝17针，1个花样

编织花样A＝8针，1个花样

袖窿

M省略

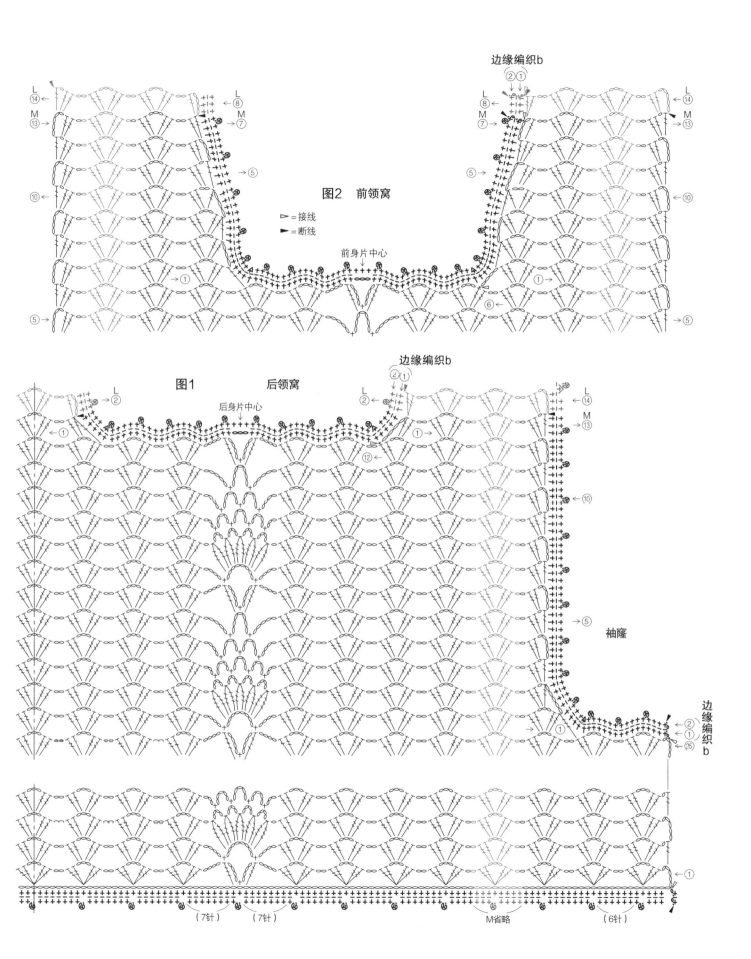

图2　前领窝

▷ = 接线
► = 断线

前身片中心

边缘编织b

图1　后领窝

后身片中心

边缘编织b

袖窿

边缘编织b

（7针）　　（7针）　　　　　　　　　　　M省略　　　　（6针）

准备材料

线 M…Wister Linen Etoile 深米色
（3）200g/7团 L…Wister 水洗棉
（gradation）粉色、橙色、浅紫色的段
染线（8）370g/10团

钩针 M… 4/0号 L…5/0号

成品尺寸 M…衣长58.5cm,袖长36cm
L…衣长66cm,袖长37cm

密度 主体10cm

编织花样A M…9.5行 L…8.5行
编织花样B M…12行 L…10行
编织花样C M…10行 L…9行
衣袖 边长10cm的正方形内:编织花
样B M…5.5山,12行 L…5山,10
行

编织要点

M、L号的分步编织图相同。

主体 在后身片中心环形起针开始钩
织。编织花样A1个花样重复钩织13
次。衣袖开口处接线,钩织62针锁针,
并在指定位置引拔。编织花样B的衣
袖开口处挑起锁针起针的半针和里山
钩织15圈。编织花样C钩织8圈。

衣袖 从主体的衣袖开口位置挑针,
环形编织编织花样B、C。

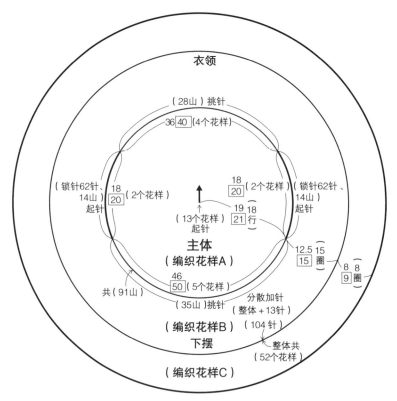

※M用4/0号、L用5/0号针钩织
※□=L号

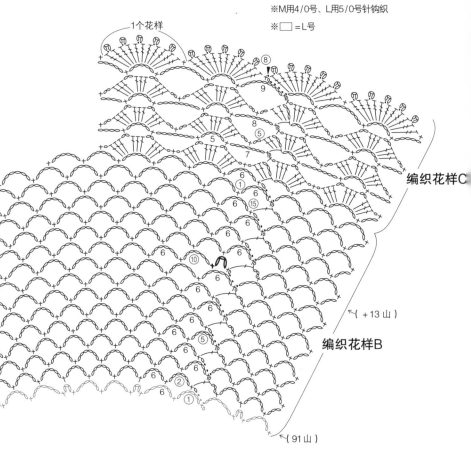

编织花样A

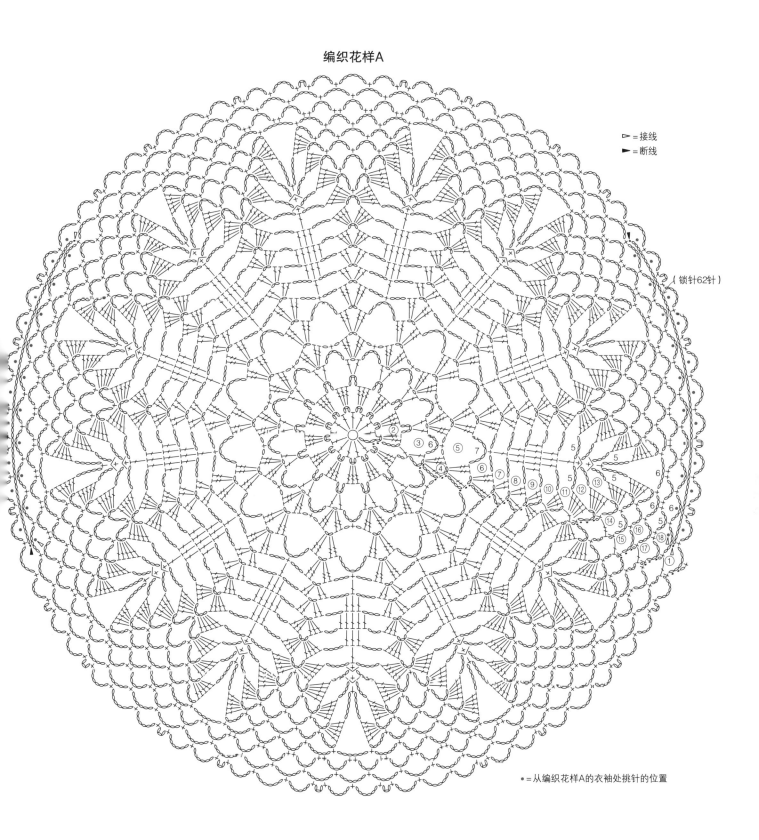

▷ = 接线
► = 断线

（锁针62针）

● = 从编织花样A的衣袖处挑针的位置

※ 衣袖的钩织方法参见 81 页

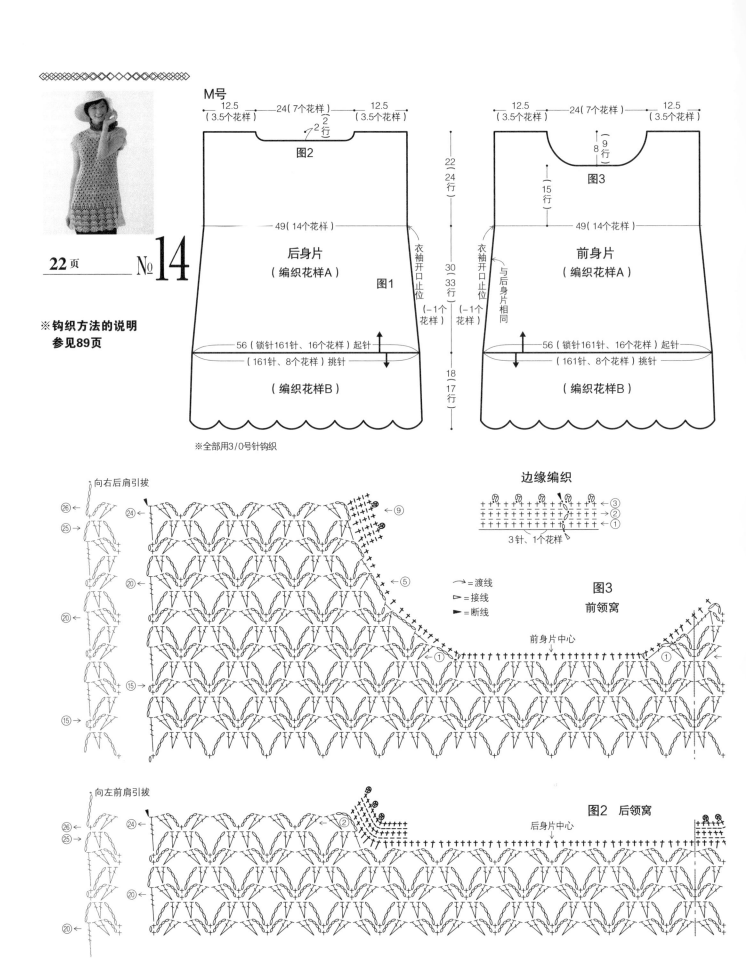

22页 —— №14

※钩织方法的说明
参见89页

M号

图2

12.5（3.5个花样） 24（7个花样） 12.5（3.5个花样）

2行 2

后身片
（编织花样A）

图1

49（14个花样）

22/24行

30/33行（-1个花样）（-1个花样）

衣袖开口止位

56（锁针161针、16个花样）起针
（161针、8个花样）挑针

18/17行

（编织花样B）

12.5（3.5个花样） 24（7个花样） 12.5（3.5个花样）

9行 8

图3

前身片
（编织花样A）

49（14个花样）

15行

衣袖开口止位

与后身片相同

56（锁针161针、16个花样）起针
（161针、8个花样）挑针

（编织花样B）

※全部用3/0号针钩织

向右后肩引拔

⑳ ⑳ ⑳ ㉔ ㉕ ㉖ ⑮ ⑮

→9
→5
→1

边缘编织

③ ② ①

3针、1个花样

↗ = 渡线
▷ = 接线
▶ = 断线

图3
前领窝

前身片中心

向左前肩引拔

㉔ ⑳ ⑳ ⑳ ㉕ ㉖

→2

图2 后领窝

后身片中心

编织花样A

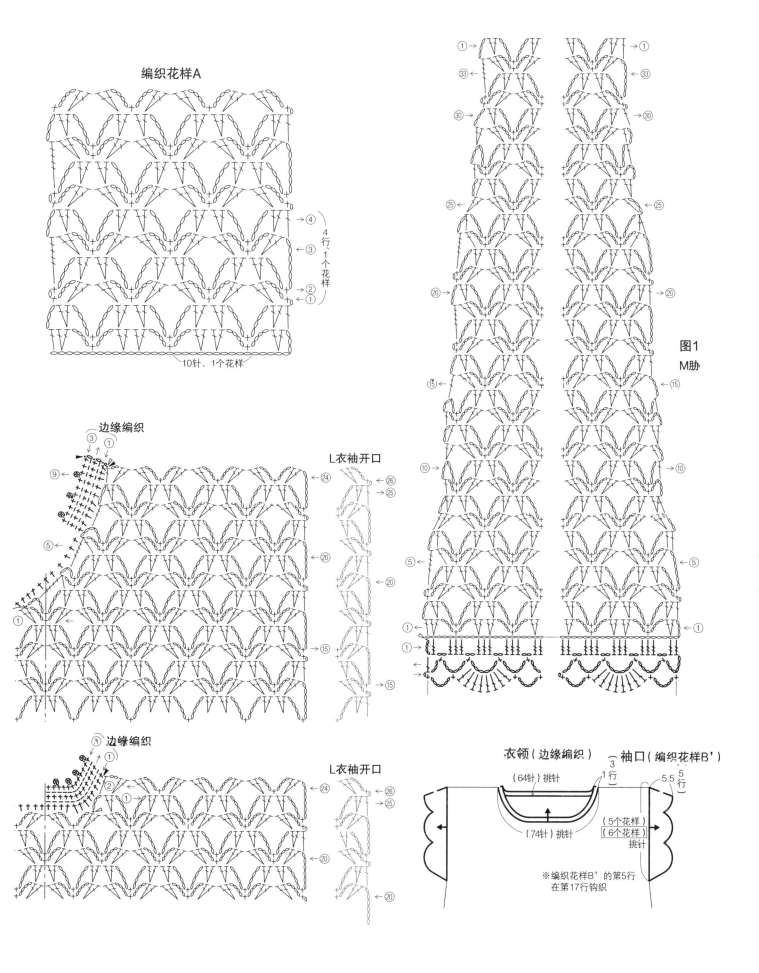

4行、1个花样

10针、1个花样

边缘编织

L衣袖开口

边缘编织

L衣袖开口

图1
M胁

衣领（边缘编织）　袖口（编织花样B'）

（64针）挑针　3行

5.5　5行

（5个花样）

（6个花样）挑针

（74针）挑针

※编织花样B'的第5行
　在第17行钩织

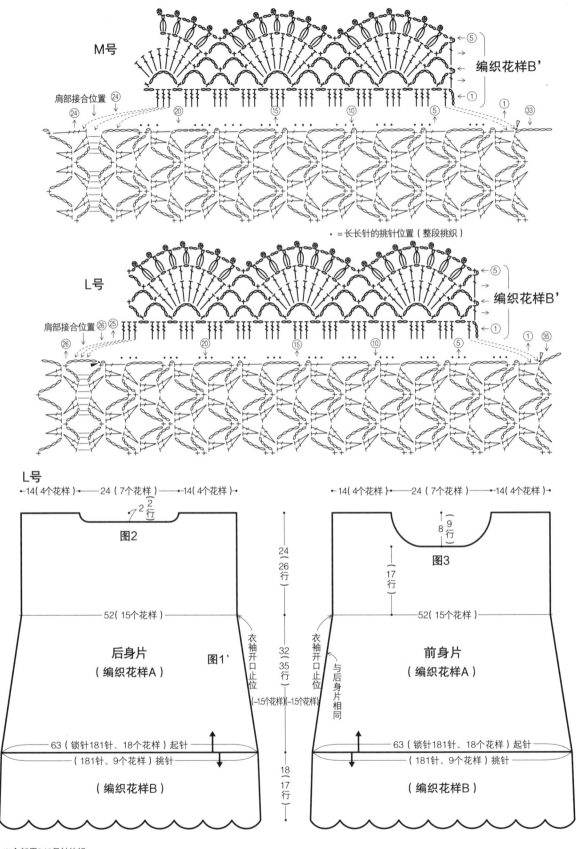

M号

编织花样B'
⑤
①

肩部接合位置 ㉔
㉔ ㉔ ⑳ ⑮ ⑩ ⑤ ① ㉝

• = 长长针的挑针位置（整段挑织）

L号

编织花样B'
⑤
①

肩部接合位置 ㉖㉕
㉖ ⑳ ⑮ ⑩ ⑤ ① ㉟

L号

←14（4个花样）→←24（7个花样）→←14（4个花样）→   ←14（4个花样）→←24（7个花样）→←14（4个花样）→

2（2行）   （9行）8

图2   图3

24（26行）

52（15个花样）   52（15个花样）

（17行）

后身片   图1'   衣袖开口止位   衣袖开口止位   前身片
（编织花样A）   （编织花样A）

32（35行）   与后身片相同

（-1.5个花样）（-1.5个花样）

63（锁针181针、18个花样）起针   63（锁针181针、18个花样）起针
（181针、9个花样）挑针   （181针、9个花样）挑针

18（17行）

（编织花样B）   （编织花样B）

※全部用3/0号针钩织

编织花样B

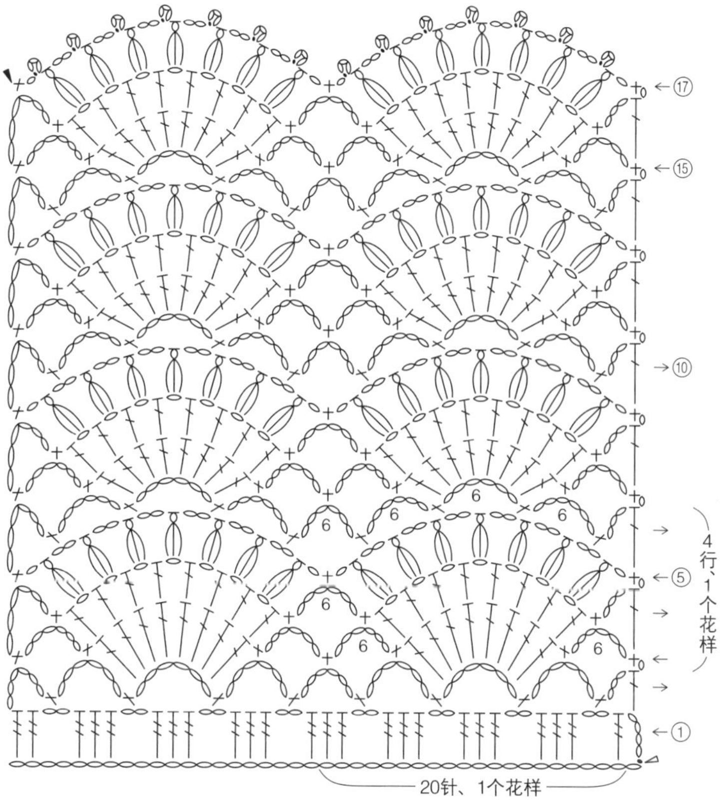

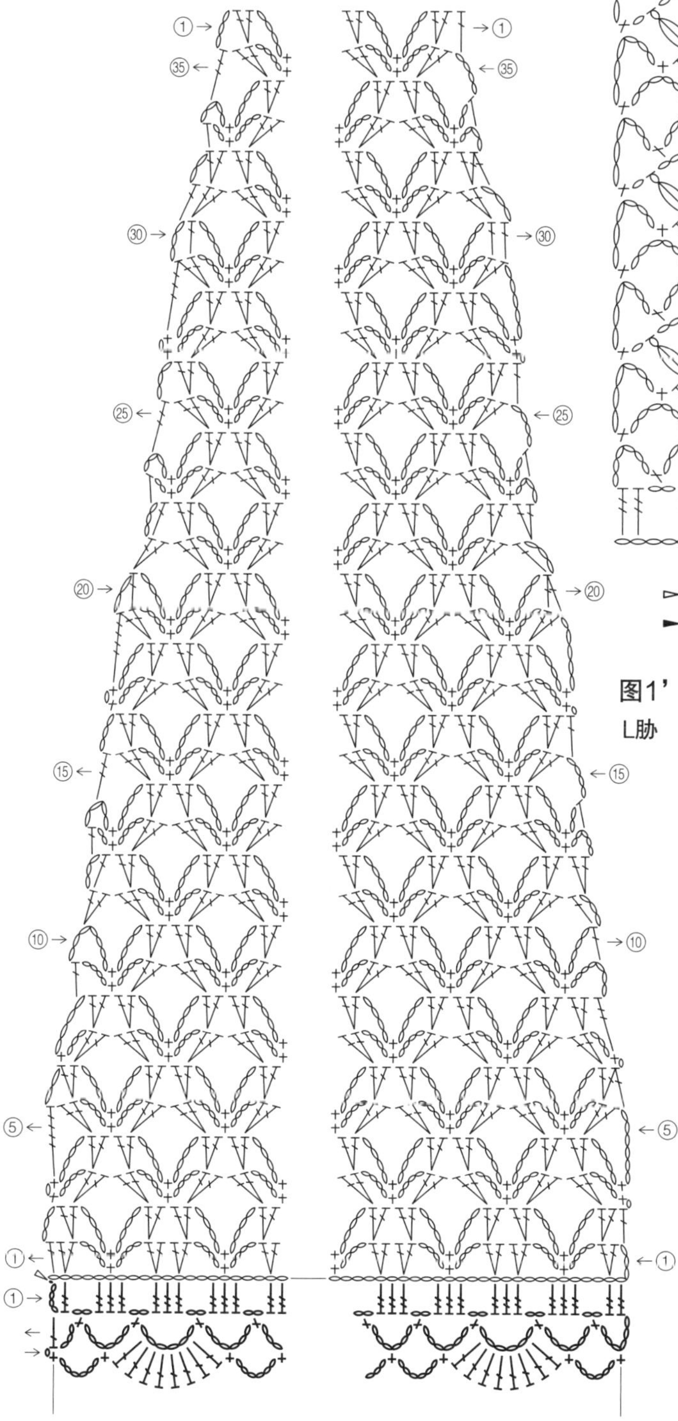

图1'
L胁

▷ =接线
► =断线

20针、1个花样

4行、1个花样

准备材料

线 Wister Linen Etoile 米色（2） Ⓜ…250g/9团
Ⓛ…280g/10团

钩针 3/0号

成品尺寸 Ⓜ…胸围98cm，衣长70cm，连肩袖长30cm Ⓛ…胸围104cm，衣长74cm，连肩袖长31.5cm

密度 编织花样A 1个花样11行，3.5cm×10cm；编织花样B 1个花样9.5行，7cm×10cm

编织要点

后身片 下摆处钩织锁针起针，挑起锁针的里山按照编织花样A开始钩织。胁、领窝参照图1、图2钩织。衣袖开口止位做对齐标记。L号的左后肩、右前肩的最终行钩织5针锁针，引拔至左前肩、右后肩。从起针处挑针做编织花样B。从锁针处整段挑织。

前身片 钩织要领与后身片相同。领窝参照图3钩织。

组合 肩部正面对齐做卷针缝缝合，袖口做编织花样B'。胁、袖口的编织行做锁针的引拔接合。衣领处挑针做边缘编织。

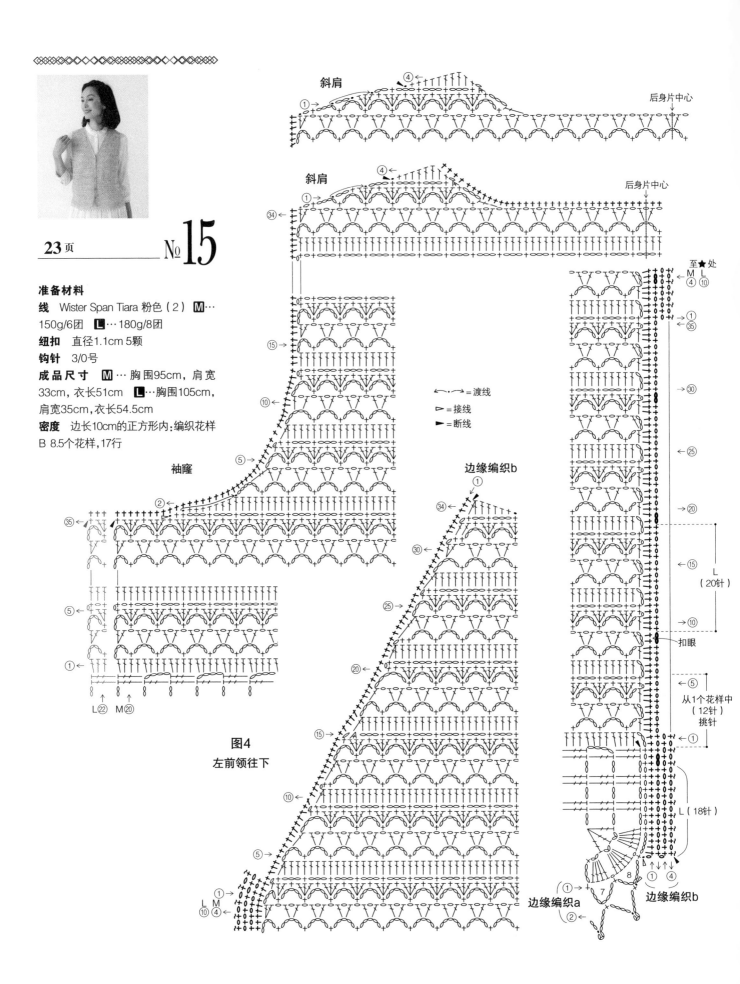

准备材料

线 Wister Span Tiara 粉色（2） **M**···
150g/6团 **L**···180g/8团

纽扣 直径1.1cm 5颗

钩针 3/0号

成品尺寸 **M**···胸围95cm，肩宽
33cm，衣长51cm **L**···胸围105cm，
肩宽35cm，衣长54.5cm

密度 边长10cm的正方形内：编织花样
B 8.5个花样，17行

斜肩

后身片中心

斜肩

后身片中心

↔·· =渡线

▷ =接线

◀ =断线

袖隆

边缘编织b

图4
左前领往下

边缘编织a

边缘编织b

扣眼

从1个花样中
（12针）
挑针

L（20针）

L（18针）

至★处

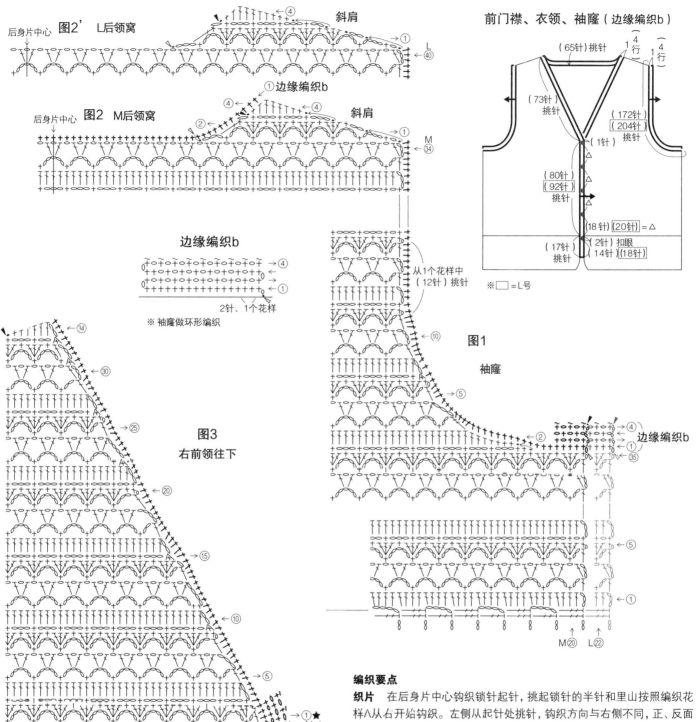

图2′ L后领窝
后身片中心
斜肩
边缘编织b

图2 M后领窝
后身片中心
斜肩

边缘编织b
2针、1个花样
※ 袖窿做环形编织

图3
右前领往下

边缘编织b

前门襟、衣领、袖窿（边缘编织b）
(65针)挑针
(73针)挑针
(172针)
[204针]挑针
(1针)
(80针)
[92针]挑针
(18针)[20针]=△
(2针)扣眼
(17针)挑针
14针[18针]
※ □ =L号

图1
袖窿
从1个花样中
(12针)挑针
边缘编织b
M⑳ L㉒

编织要点

织片 在后身片中心钩织锁针起针，挑起锁针的半针和里山按照编织花样A从右开始钩织。左侧从起针处挑针，钩织方向与右侧不同，正、反面相反。左、右连续做边缘编织a。

右前身片 从织片挑针（从锁针和长长针的编织行整段挑织），参照图1、图2钩织袖窿、领窝、斜肩。

后身片 与右前身片钩织要领相同，袖窿、斜肩、领窝参照图1、图2、图2′钩织。

左前身片 与右前身片钩织要领相同，衣领往下参照图4钩织。

组合 肩部正面相对对齐，做锁针的引拔接合，胁处做锁针的引拔接合。前门襟、衣领做边缘编织b。在右前门襟开扣眼。袖窿处变化钩织方向环形编织。在左前门襟缝上纽扣。

№ 15　L号

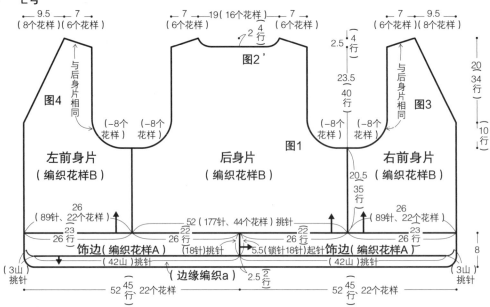

M号

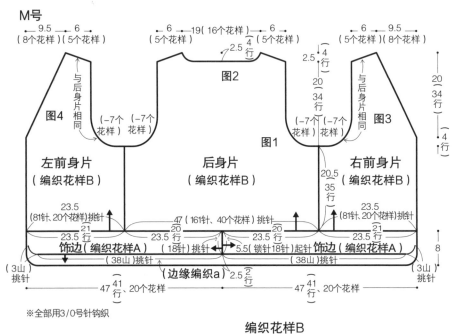

※全部用3/0号针钩织

编织花样B

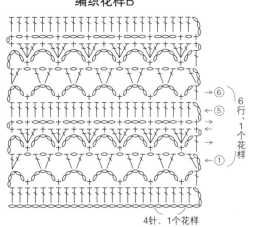

4针、1个花样

编织花样A

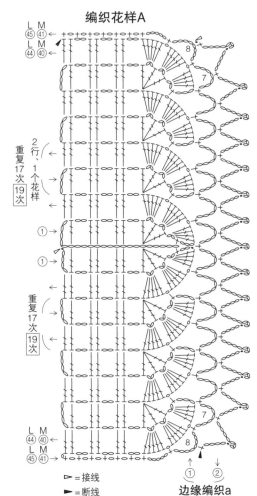

边缘编织a

▷=接线
▶=断线

———— №17

编织要点

线 Wister Span Tiara 亮茶色（3）Ⓜ…115g/5
团 Ⓛ…130g/6团

钩针 3/0号

成品尺寸 Ⓜ…衣长47.5cm,连肩袖长51cm
Ⓛ…衣长53.5cm,连肩袖长51cm

密度 编织花样A 1个花样10行,2.5cm×10cm;
编织花样B 1个花样10行,6cm×10cm

编织要点

主体 在后身片中心钩织锁针起针,挑起锁针的半针和里山开始钩织。做编织花样A、B,袖下参照图示钩织。开口止位做对齐标记。袖口处连续钩织边缘编织a。另一侧挑起锁针起针,对称钩织。

组合 开口处环形编织边缘编织b。

编织花样A、B

→⑳

14行1个花样

←⑮

→⑩

←⑤

→① 后身片中心

↑
L中心

↑
M中心

├── B ──┤
‖
14针、14行、1个花样

├── A ──┤
‖
7针、2行、1个花样

※从中心开始左右对称钩织

● =边缘编织b挑针位置

93

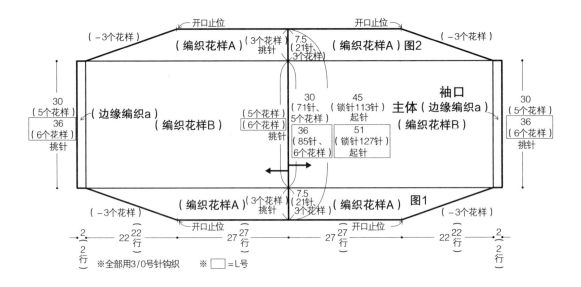

17

开口止位　　　　　开口止位
（-3个花样）　　（编织花样A）（3个花样 挑针）（编织花样A）图2　（-3个花样）
7.5（21针、3个花样）

30（5个花样）36（6个花样）挑针　（边缘编织a）（编织花样B）（5个花样）（6个花样 挑针）

30（71针、5个花样）36（85针、6个花样）
45（锁针113针）起针　51（锁针127针）起针

袖口
主体（边缘编织a）（编织花样B）

30（5个花样）36（6个花样）挑针

（编织花样A）（3个花样 挑针）（编织花样A）图1
7.5（21针、3个花样）

（-3个花样）　开口止位　　开口止位　（-3个花样）

2（2行）22（22行）27（27行）27（27行）22（22行）2（2行）

※全部用3/0号针钩织　　※ □ =L号

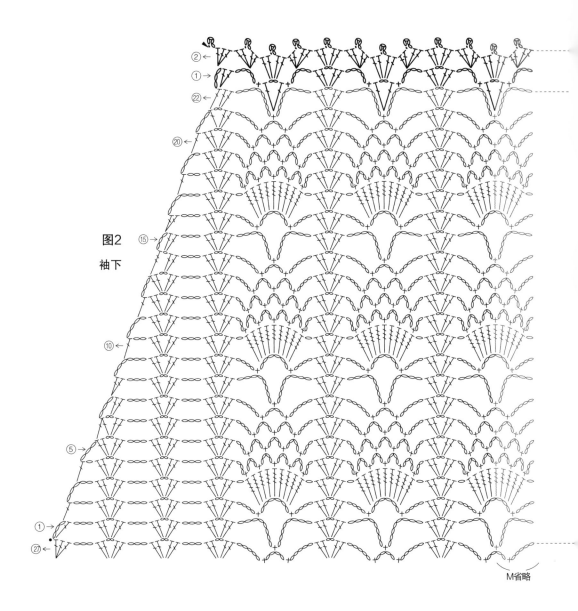

图2
袖下

M省略

衣领一周、前端、下摆

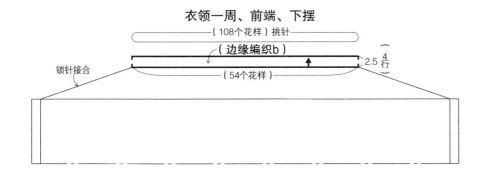

锁针接合

（108个花样）挑针

（边缘编织b）

（54个花样）

2.5 4行

边缘编织b

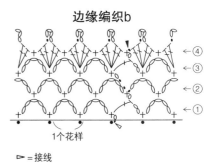

1个花样

▷ =接线
► =断线

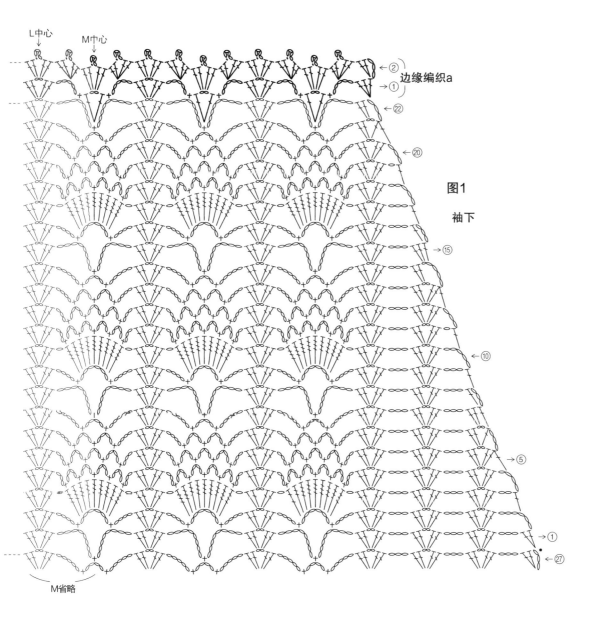

L中心
M中心

边缘编织a

图1

袖下

M省略

27 页 ─── № **18**

准备材料

线 Wister 水洗棉 胭脂红色（60）

M…480g/12团 **L**…560g/14团

纽扣 直径1.8cm 5颗

钩针 5/0号

成品尺寸 **M** 胸围98cm，肩宽35cm，衣长52cm，袖长42cm

L…胸围104cm，肩宽38cm，衣长54.5cm，袖长43.5cm

密度 编织花样 1个花样12行：3.2cm×10cm

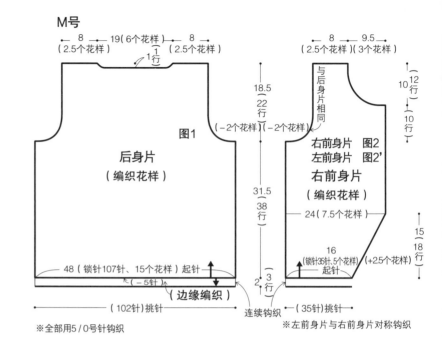

M号

图1

后身片（编织花样）

右前身片 图2
左前身片 图2'
右前身片（编织花样）

※全部用5/0号针钩织

※左前身片与右前身片对称钩织

编织花样

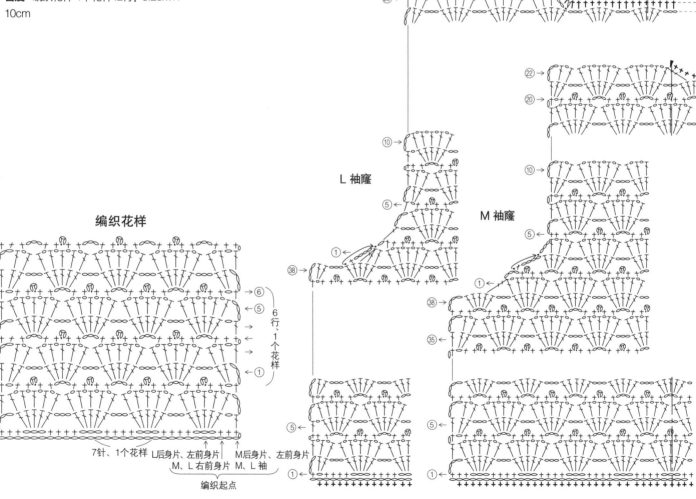

7针、1个花样

L后身片、左前身片　M后身片、左前身片
M、L右前身片　M、L袖

编织起点

L 袖窿

M 袖窿

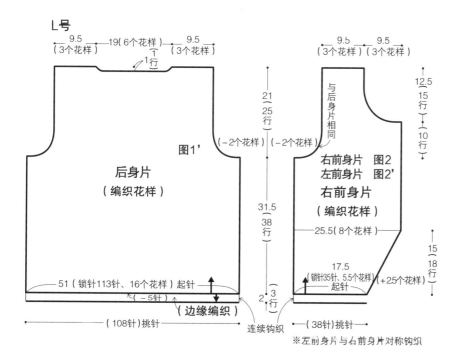

L号

9.5（3个花样） 19（6个花样） 9.5（3个花样）

9.5（3个花样） 9.5（3个花样）

图1'

后身片
（编织花样）

右前身片 图2
左前身片 图2'

右前身片
（编织花样）

21（25行）

12.5
15（10行）

31.5（38行）

与后身片相同

（-2个花样） （-2个花样）

25.5（8个花样）

17.5（锁针35针、5.5个花样）起针

15（18行）

（+2.5个花样）

51（锁针113针、16个花样）起针
↑（-5针）

（边缘编织）

2（3行）

（108针）挑针

连续钩织

（38针）挑针

※左前身片与右前身片对称钩织

编织要点

后身片 下摆钩织锁针起针，从锁针的半针和里山挑针开始钩织，做编织花样，袖窿、领窝参照图1（L号参照图1'）钩织。

前身片 与后身片钩织要领相同。在前身片中心左右对称钩织。下摆、领窝参照右前身片图2、左前身片图2'钩织。

袖 与后身片钩织要领相同。袖下、袖山参照图3钩织。

组合 肩部正面相对对齐，做卷针缝缝合，胁、袖下做锁针的引拔接合。衣领、前门襟、下摆、袖口挑针钩织（从锁针和长针链上整段挑织）边缘编织。袖引拔接合。在左前身片缝上纽扣。

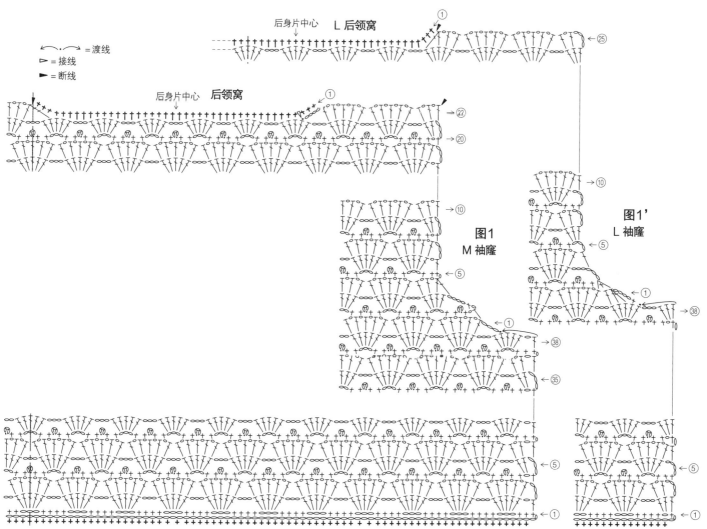

↶·↷ = 渡线
▷ = 接线
► = 断线

后身片中心 L 后领窝

后身片中心 后领窝

图1 M 袖窿

图1' L 袖窿

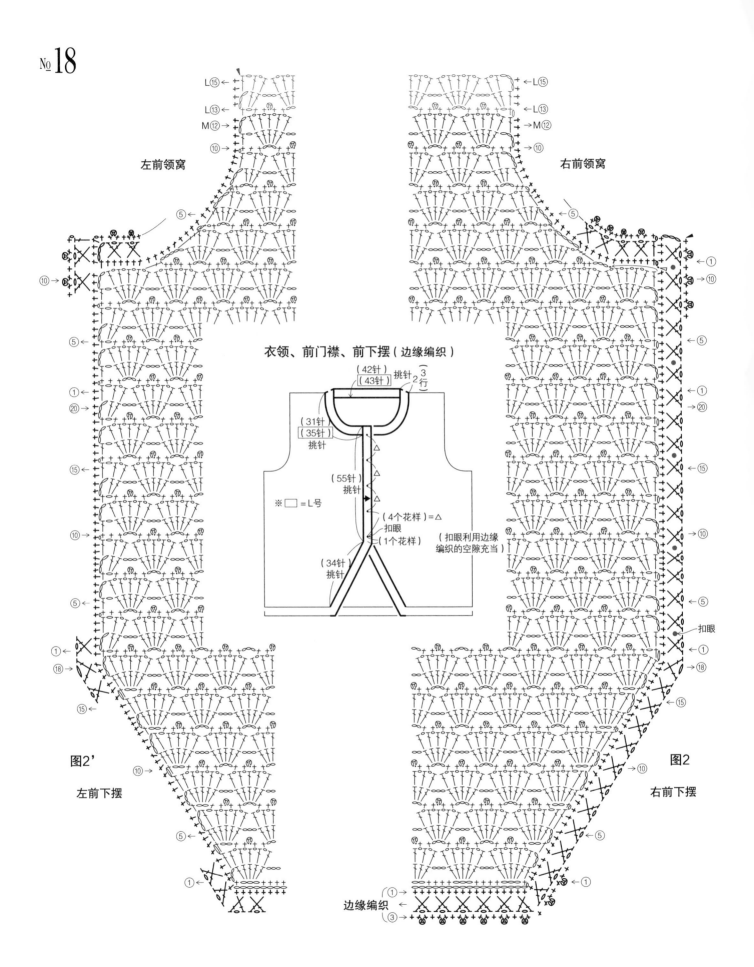

左前领窝

右前领窝

衣领、前门襟、前下摆（边缘编织）

（42针）
（43针）
挑针 2 {3 行}

（31针）
（35针）
挑针

（55针）
挑针

※ □ = L号

（4个花样）= △
扣眼
（1个花样）

（扣眼利用边缘编织的空隙充当）

（34针）
挑针

扣眼

图2'

左前下摆

图2

右前下摆

边缘编织

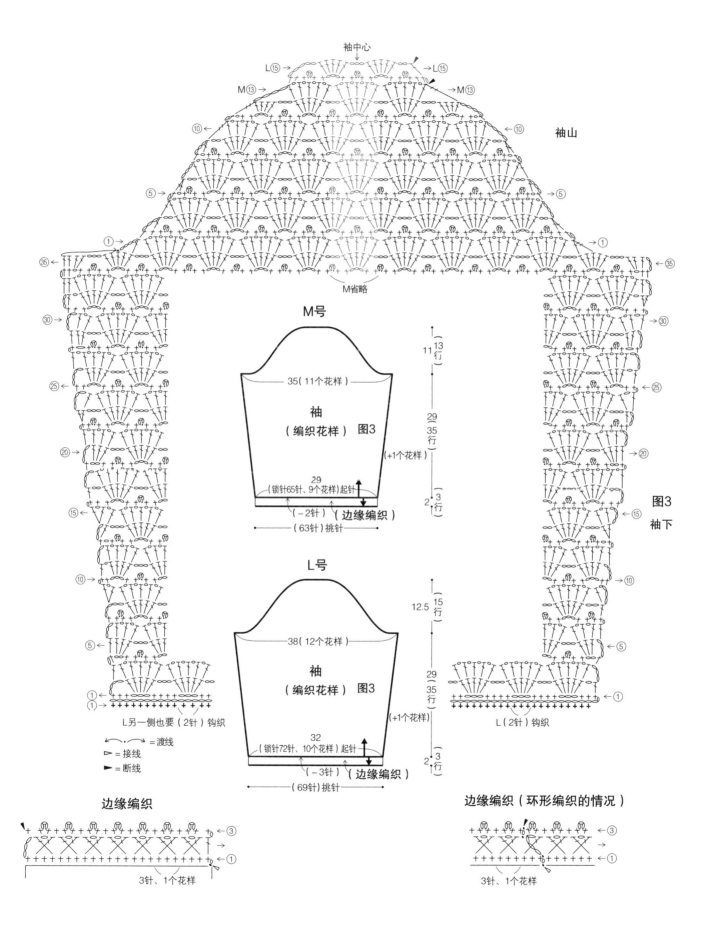

袖中心

L⑮→ ⑮L

M⑬→ ⑬M

袖山

←⑩ ⑩→

←⑤ ⑤→

←① ①→

←㉟ ㉟→

←㉚ ㉚→

←㉕ ㉕→

←⑳ ⑳→

←⑮ ⑮→

←⑩ ⑩→

←⑤ ⑤→

①→ ←①

M省略

M号

袖
（编织花样） 图3

35（11个花样）

11 { 13
行

29 { 35
行

2 { 3
行

(+1个花样)

29
（锁针65针、9个花样）起针

(−2针)（边缘编织）

（63针）挑针

L号

袖
（编织花样） 图3

38（12个花样）

12.5 { 15
行

29 { 35
行

2 { 3
行

(+1个花样)

32
（锁针72针、10个花样）起针

(−3针)（边缘编织）

（69针）挑针

图3
袖下

L另一侧也要（2针）钩织

L（2针）钩织

• ＝渡线
▷ ＝接线
► ＝断线

边缘编织

3针、1个花样

边缘编织（环形编织的情况）

3针、1个花样

99

№ 19

准备材料

线 Wister 水洗棉（gradation）黄绿色、芥末黄色、浅紫色的段染线（7）90g/3团；Wister Span Tiara 亮灰色（4）5g/1团

钩针 5/0号

成品尺寸 头围60cm，帽深18cm

密度 边长10cm的正方形内：编织花样A 5个花样，16行

编织要点

帽顶中心处环形起针，挑起前一圈锁针的半针和里山钩织编织花样A的松叶针，分散加针。因为帽檐翻折，反面变正面，所以要改变钩织方向。后片中心钩织短针，前片中心钩织长针和短针，以形成前后不同的长度，均匀加针。边缘编织的第2圈使用2根Wister Span Tiara线，用引拔针挑织（前一圈是锁针时要整段挑织）。系绳使用2根Wister Span Tiara线，钩织双重锁针，穿在帽顶的第29圈，在右侧边打结。

※除指定外均用Wister 水洗棉线钩织

（15针）起针

帽顶
（编织花样A）

分散加针

60（150针、30个花样）

帽檐
（编织花样B）

70（176针）

18
（29
圈）

5 9
圈

3 9
圈

1.5 2
圈

（边缘编织）

※全部用5/0号针钩织

系绳

编织花样A和分散加针

后片中心

→①（150针）帽檐
←29（穿系绳位置）

←24 重复3次
←23

←22 30个花样

←20（125针）

重复5次（25针）

←15

←12（100针、25个花样）

⑪
⑨
⑦
⑤
③

帽檐的编织花样B与分散加针

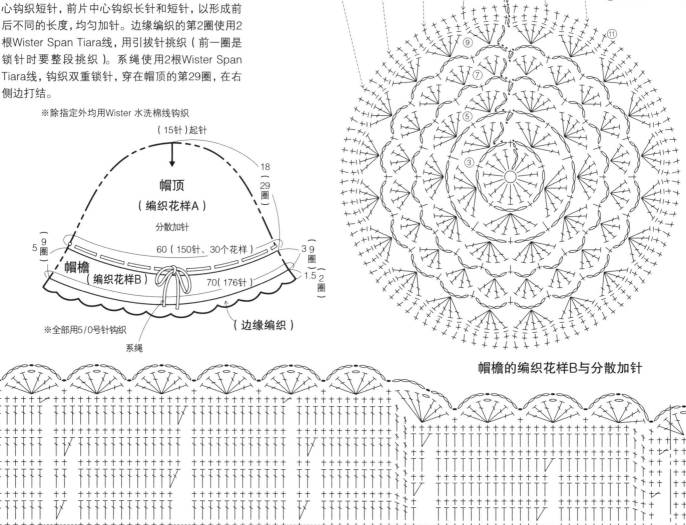

前片中心

※编织花样的中心对称编织

№ 20

准备材料

线 Wister Irise 茶色、绿色、玫红色的段染线（63）
90g/3团

钩针 6/0号

成品尺寸 头围56cm，帽深23.5cm

密度 编织花样1个花样16行（外径），3.7cm×10cm

编织要点

帽顶中心处环形起针开始钩织。钩织8圈编织花样
后，每行都要改变钩织方向，分散加针。完成35圈
后，做边缘编织。

编织花样

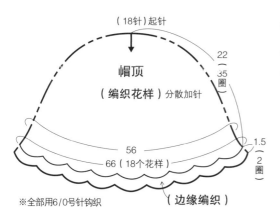

（18针）起针

帽顶

（编织花样）分散加针

22
（
35
圈
）

56

66（18个花样）

1.5
（
2
圈
）

（边缘编织）

※全部用6/0号针钩织

系绳（双重锁针）Wister Span Tiara 2根线

100针锁针（150针）起针

▷＝接线　►＝断线

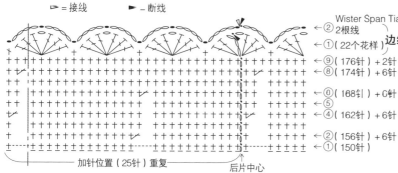

Wister Span Tiara
2根线
←②
←①（22个花样）
←⑨（176针）+2针
←⑧（174针）+6针
←⑥（168针）+6针
←⑤
←④（162针）+6针
←②（156针）+6针
←①（150针）

边缘编织

加针位置（25针）重复　　后片中心

№ 21

准备材料

线 Wister Span Tiara（gradation）粉色、灰白色、
米色的段染线（108）50g/2团

钩针 3/0号

成品尺寸 长156cm，宽11cm

密度 编织花样10cm内12行

编织要点

钩织1针锁针起针，立织3针锁针，在第1针上钩织
贝壳针。整体钩织菠萝花样。从第20行至第31行
的12行为1个花样。从第179行、第184行开始钩
织时不再做右侧、左侧的加针。

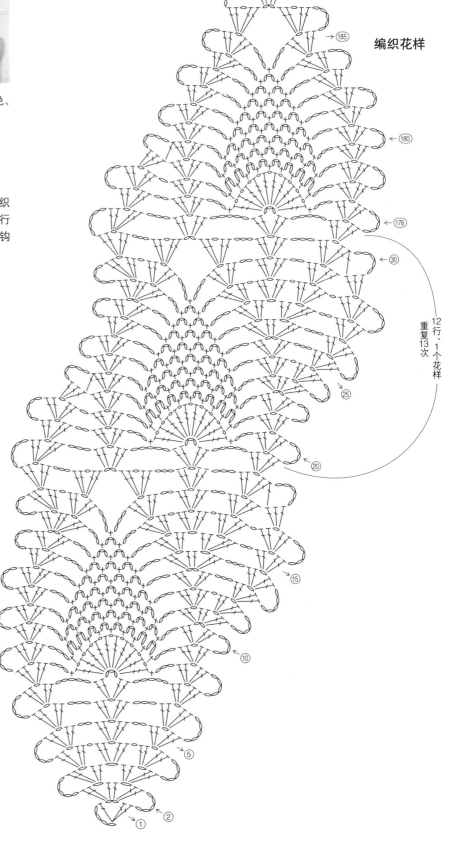

编织花样

断线

围巾（编织花样）
3/0号针

156
（187行、15个花样）

11

12行、1个花样
重复13次

№ **22**

准备材料

线 Wister Linen Etoile 粉色（4）60g/2团

钩针 3/0号

成品尺寸 长122cm,宽16.5cm

密度 编织花样10cm内9行

编织要点

钩织锁针起针,挑起锁针的半针和里山钩织编织花样。右侧偶数行的长针织在锁针的半针和里山上。完成109行后,为平整贝壳针部分,返回钩织锁针和长针后断线。边缘编织在第109行的右端接线,钩织1行直到编织起点处。空隙处整段挑织,短针行的针目分开挑织。

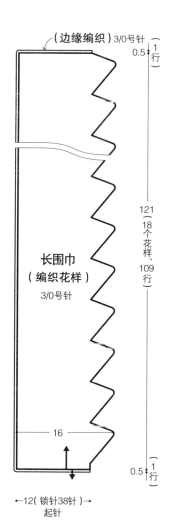

（边缘编织）3/0号针

0.5 (1行)

长围巾
（编织花样）

3/0号针

121 (18个花样)
109行

16

0.5 (1行)

←12(锁针38针)→
起针

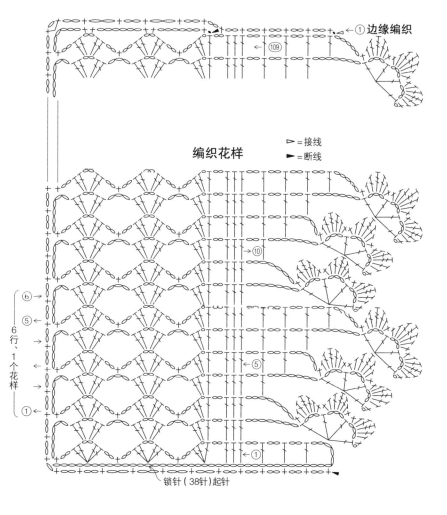

编织花样

▷ =接线
▶ =断线

←①边缘编织

←109

10

ⓑ→
⑤→

6行、1个花样

⑤

①→

←①

锁针（38针）起针

日本宝库社授权河南科学技术出版社在中国大陆独家出版发行本书中文简
体字版本。

版权所有，翻印必究

备案号：豫著许可备字－2014－A－00000008

图书在版编目（CIP）数据

美丽的春夏钩编.5，镂空花样的魅力/日本宝库社编著；乔滢
译.—郑州：河南科学技术出版社，2018.6
ISBN 978-7-5349-9181-3

Ⅰ.①美… Ⅱ.①日… ②乔… Ⅲ.①钩针－编织－图集
Ⅳ.①TS935.521-64

中国版本图书馆CIP数据核字（2018）第058848号

出版发行：河南科学技术出版社
　　　　　地址：郑州市经五路66号　邮编：450002
　　　　　电话：（0371）65737028　65788613
　　　　　网址：www.hnstp.cn
策划编辑：刘　欣
责任编辑：张　培
责任校对：王晓红
封面设计：张　伟
责任印制：张艳芳
印　　刷：北京盛通印刷股份有限公司
经　　销：全国新华书店
幅面尺寸：213 mm×285 mm　印张：6.5　字数：150千字
版　　次：2018年6月第1版　　2018年6月第1次印刷
定　　价：49.00元

如发现印、装质量问题，影响阅读，请与出版社联系并调换。